科學少年學習誌　　編／科學少年編輯部

# 科學閱讀素養
## 理化篇 5

遠流

# 科學閱讀素養 理化篇 5　目錄

# 課程連結表

| 文章主題 | 文章特色 | 搭配108課綱（第四學習階段 —— 國中） | |
|---|---|---|---|
| | | 學習主題 | 學習內容 |
| 千變萬化的塑膠 | 介紹生活中常見的塑膠及各種聚合物，並探討塑膠回收問題。 | 物質的反應、平衡及製造（J）： 有機化合物的性質、製備及反應（Jf） | Jf-IV-1有機化合物與無機化合物的重要特徵。<br>Jf-IV-4常見的塑膠。 |
| 跨洋電纜的推手——克耳文 | 介紹克耳文生平以及他廣泛的研究，不只電磁學和熱力學，還有海底電纜裝設、電工儀表等領域，對人類科技進步帶來許多貢獻。 | 能量的形式、轉換及流動（B）：能量的形式與轉換（Ba）；溫度與熱量（Bb） | Ba-IV-1能量有不同形式，例如：動能、熱能、光能、 電能、化學能等，而且彼此之間可以轉換。<br>Bb-IV-1熱具有從高溫處傳到低溫處的趨勢。 |
| | | 自然界的現象與交互作用（K）：電磁現象（Kc） | Kc-IV-6環形導線內磁場變化，會產生感應電流。 |
| 舉得起地球的巨人——阿基米德 | 本文帶我們進入阿基米德的生平故事，了解他對學問的執著及各種發現與發明，可了解浮力原理與密度的應用。 | 改變與穩定（INd）* | INd-III-13施力可使物體的運動速度改變，物體受多個力的作用，仍可能保持平衡靜止不動，物體不接觸也可以有力的作用。 |
| | | 科學與生活（INf）* | INf-III-1世界與本地不同性別科學家的事蹟與貢獻。 |
| | | 物質系統（E）：力與運動（Eb） | Eb-IV-2力矩會改變物體的轉動，槓桿是力矩的作用。<br>Eb-IV-6物體在靜止液體中所受浮力，等於排開液體的重量。 |
| | | 科學、科技、社會及人文（M）：科學發展的歷史（Mb） | Mb-IV-2科學史上重要發現的過程，以及不同性別、背景、族群者的貢獻。 |
| | | 科學與生活 (INf)* | INf-III-2 科技在生活中的應用與對環境與人體的影響。 |
| 分子的體重計——質譜儀 | 閱讀湯姆森實驗的故事，了解質譜儀的運作原理，以及電磁效應。延伸知識中補充左右手定則，解釋帶電粒子在磁場中的偏折現象。 | 改變與穩定（INd）* | INd-III-2人類可以控制各種因素來影響物質或自然現象的改變，改變前後的差異可以被觀察，改變的快慢可以被測量與了解。 |
| | | 物質的組成與特性（A）：物質組成與元素的週期性（Aa） | Aa-IV-2原子量與分子量是原子、分子之間的相對質量。 |
| | | 自然界的現象與交互作用（K）：電磁現象（Kc） | Kc-IV-2靜止帶電物體之間有靜電力，同號電荷會相斥，異號電荷則會相吸。<br>Kc-IV-5載流導線在磁場中會受力，並簡介電動機的運作原理。 |
| | | 物質與能量（INa）* | INa-III-2物質各有不同性質，有些性質會隨溫度而改變。 |
| | | 構造與功能（INb）* | INb-III-2應用性質的不同可分離物質或鑑別物質。 |
| 生活—碘靈 | 認識碘的發現與應用，除了傷口消毒，還可偵測指紋，同時了解同位素的原理與功能。 | 物質的組成與特性（A）：物質組成與元素的週期性（Aa） | Aa-IV-4元素的性質有規律性和週期性。 |
| | | 科學、科技、社會及人文（M）：科學、技術及社會的互動關係（Ma） | Ma-IV-1生命科學的進步，有助於解決社會中發生的農業、食品、能源、醫藥，以及環境相關的問題。 |
| | | 系統與尺度（INc）* | INc-III-6運用時間與距離可描述物體的速度與速度的變化。 |
| 運動手錶陪你動起來 | 本文介紹運動手錶中的各項科技。運動手錶不僅可以使人們得知自己所在的經緯度座標、追蹤跑步的位置資訊，也能估算步數。 | 科學與生活（INf）* | INf-III-2科技在生活中的應用與對環境與人體的影響。 |
| | | 物質系統（E）：力與運動（Eb） | Eb-IV-8距離、時間及方向等概念可用來描述物體的運動。<br>Eb-IV-11物體做加速度運動時，必受力。以相同的力量作用相同的時間，則質量愈小的物體其受力後造成的速度改變愈大。 |
| | | 自然界的現象與交互作用（K）：波動、光及聲音（Ka） | Ka-IV-11物體的顏色是光選擇性反射的結果。 |
| 小原子立大功——核磁共振 | 介紹核磁共振的運作原理，並了解原子結構，以及電流磁效應。 | 物質的組成與特性（A）：物質組成與元素的週期性（Aa） | Aa-IV-1原子模型的發展。<br>Aa-IV-4元素的性質有規律性和週期性。 |
| | | 自然界的現象與交互作用（K）：電磁現象（Kc） | Kc-IV-4電流會產生磁場，其方向分布可由安培右手定則求得。 |

*為國小課綱

# 導讀
# 科學 ✕ 閱讀 ＝

閱讀是人類學習的重要途徑，自古至今，人類一直透過閱讀來擴展經驗、解決問題。到了 21 世紀這個知識經濟時代，掌握最新資訊的人就具有競爭的優勢，閱讀更成了獲取資訊最方便而有效的途徑。從報紙、雜誌、各式各樣的書籍，人只要睜開眼，閱讀這件事就充斥在日常生活裡，再加上網路科技的發達便利了資訊的產生與流通，使得閱讀更是隨時隨地都在發生著。我們該如何利用閱讀，來提升學習效率與有效學習，以達成獲取知識的目的呢？如今，增進國民閱讀素養已成為當今各國教育的重要課題，世界各國都把「提升國民閱讀能力」設定為國家發展重大目標。

另一方面，科學教育的目的在培養學生解決問題的能力，並強調探索與合作學習。近年，科學教育更走出學校，普及於一般社會大眾的終身學習標的，期望能提升國民普遍的科學素養。雖然有關科學素養的定義和內容至今仍有些許爭議，尤其是在多元文化的思維興起之後更加明顯，然而，全民科學素養的培育從 80 年代以來，已成為我國科學教育改革的主要目標，也是世界各國科學教育的發展趨勢。閱讀本身就是科學學習的夥伴，透過「科學閱讀」培養科學素養與閱讀素養，儼然已是科學教育的王道。

對自然科老師與學生而言，「科學閱讀」的最佳實踐無非選擇有趣的課外科學書籍，或是選擇有助於目前學習階段的學習文本，結合現階段的學習內容，在教師的輔導下以科學思維進行閱讀，可以讓學習科學變得有趣又不費力。

# 素養＋樂趣！

撰文／陳宗慶

我閱讀了《科學少年》後，發現它是一本相當吸引人的科普雜誌，更是一本很適合培養科學素養的閱讀素材，每一期的內容都包括了許多生活化的議題，涵蓋了物理、化學、天文、地質、醫學常識、海洋、生物⋯⋯等各領域有趣的內容，不但圖文並茂，更常以漫畫方式呈現科學議題或科學史，讓讀者發覺科學其實沒有想像中的難，加上內文長短非常適合閱讀，每一篇的內容都能帶著讀者探究科學問題。如今又見《科學少年》精選篇章集結成有趣的《科學閱讀素養》，其內容的選編與呈現方式，頗適合做為教師在推動科學閱讀時的素材，學生也可以自行選閱喜歡的篇章，後面附上的學習單，除了可以檢視閱讀成果外，也把內文與現行國中教材做了連結，除了與現階段的學習內容輕鬆的結合外，也提供了延伸思考的腦力激盪問題，更有助於科學素養及閱讀素養的提升。

老師更可以利用這本書，透過課堂引導，以循序漸進的方式帶領學生進入知識殿堂，讓學生了解生活中處處是科學，科學也並非想像中的深不可測，更領略閱讀中的樂趣，進而終身樂於閱讀，這才是閱讀與教育的真諦。　　　　　　　　　　　　　㊙

## 作者簡介

陳宗慶　國立高雄師範大學物理博士，高雄市五福國中校長，教育部中央輔導團自然與生活科技領域常務委員，高雄市國教輔導團自然與生活科技領域召集人。專長理化、地球科學教學及獨立研究、科學展覽指導，熱衷於科學教育的推廣。

# 千變萬化的 塑膠

現代生活已經離不開塑膠製品了，
而且在一般的自然環境下，塑膠可以屹立不搖數萬年，
這麼厲害的東西，人類是怎麼做出來的？

撰文／高憲章

黃

施工中

塑膠在化學上的名稱是「高分子聚合物」，其中「高」是數量很多的意思，後頭的「聚合」則是一種特殊的化學反應，可以把小分子串連起來，得到長長一串、分子量很大的化合物。化學家透過選擇不同的小分子，再加上這個神奇的聚合反應，做出各種性質的塑膠，這到底是怎麼辦到的呢？

# 原子分子手牽手

原子包括了由質子和中子組成的原子核，和在外頭繞著原子核轉得很快、像是行星衛星一般的電子。不同的原子，原子核有大有小，而且質子的數量影響了外頭跟著繞的電子數量，因而造成原子特性的差異。以我們最熟悉的三個元素：碳、氫、氧來說，氫具有最小的原子核，只有一個質子，外頭繞著一個電子；碳具有六個質子、六個中子和六個電子；氧則有八個質子、八個中子和八個電子。

電子繞行原子核的軌域，有點像是層狀的，每一層都只能塞入特定的電子數量，最內層可以塞兩顆電子，第二層可以塞八顆電子，而且塞滿的時候最穩定。以氫來說，唯一的電子會出現在最內層，為了讓最內層的電子補滿到兩個，氫原子非常容易與別的原子進行反應，從別的原子那兒拉一個電子來分享，補滿最內層的電子數量。當兩個氫原子互相分享電子時，就是原子之間形成了一個單鍵。

## 烷、烯、炔類大變身

不過當電子用到第二層以上的軌域時，情況會複雜得多。比方說，碳有六個電子，兩個放在最內層，第二層剩下四個電子，為了將第二層剩下的四個空位補滿，碳原子只好四處找原子來分享電子。甲烷就是碳原子的周圍繞了四個氫原子，每個氫原子各與碳分享一個電子，所以甲烷上有四個「碳－氫」單鍵，碳原子和氫原子各取所需。這種碳與碳以單鍵相接，並且只以碳原子和氫原子所構成的化合物稱為「烷類」，其中構造最簡單的是甲烷。

如果碳原子附近沒有足夠的氫，而是剩下碳原子怎麼辦？這時候碳與碳之間只好再多分享一或兩個電子，形成雙鍵或三鍵，其中以雙鍵相連的化合物稱為「烯類」，以三鍵

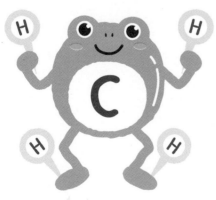

**甲烷**
甲烷分子是由一個碳原子（C），和四個氫原子（H）組合而成。

> **乙烯**
> 乙烯分子是由兩個碳原子（C）和四個氫原子（H）組合而成。碳和碳之間用雙鍵相連。

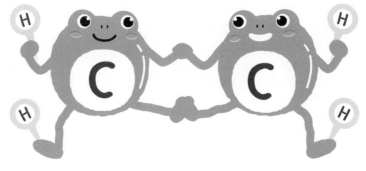

繪圖：Uncle Alvin

相連的則稱為「炔類」。例如乙烯這個最小的烯類分子，包含了兩個碳和四個氫，這兩個碳原子一邊各分到兩個氫，並且為了填補第二層電子軌域剩下來的兩個空缺，兩個碳必須彼此分享兩個電子，形成雙鍵。兩個碳之間分享的電子愈多，彼此會靠得愈近，因此三鍵的鍵結長度會比雙鍵短，雙鍵也會比單鍵短。

烷類、烯類與炔類都是石化工業中常見的產物，其中乙烯是所有高分子聚合物中最基本也最重要的原料。乙炔除了可做為高分子聚合物的原料之外，也可當做焊接金屬時提供高溫火焰的燃料，燃燒時的溫度很高，可以達到 3300℃！

## 聚成長長的碳鏈

如果乙烯的雙鍵斷掉了，這兩個碳原子等於各留了一個電子，等著和別的原子反應。這種多了一個電子，急著跟別的原子反應的結構稱為「自由基」。要是剛好附近有類似的乙烯撞在一起，這個自由基就有很大的機

會，可以把另一個乙烯上的雙鍵也打開，然後彼此連在一塊兒，從原本的兩個碳變成四個碳，而且頭尾的碳原子上還有自由基等待反應，如此一傳十、十傳百的愈拉愈長。本來只是短短兩個碳的乙烯，透過自由基反應，一下子變成數萬個碳原子長的鏈狀結構，這種反應稱為「聚合反應」；聚合前的小分子原料稱為「單體」，而聚合在一起的化合物，稱為「高分子聚合物」；用乙烯當單體進行聚合反應，得到的高分子聚合物稱為「聚乙烯」。

這樣形容起來，聚合反應好像很容易發生，但是實際上需要克服很多技術。像是雙鍵好端端的不會沒事斷掉，所以需要一個起始劑把雙鍵打開，才能開始進行聚合反應；此外乙烯分子是氣體，當然不會乖乖的停在那邊等著被聚合，如果附近有別的分子，很有可能才開始聚合就因為接錯原子而停止反應；氣體反應危險性很高，因此進行聚合反應時的濃度、溫度、溼度、純度等，都要控制得非常仔細。

**聚合反應**
當兩個乙烯單體在適合的條件下相遇，它們會打開雙鍵，和鄰近的乙烯單體相連。用這個方法可以做出長長的聚乙烯長鏈。

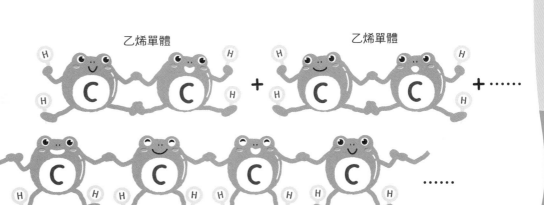

乙烯單體　　　　　乙烯單體

聚乙烯

# 塑膠的特性

高分子聚合物最明顯的特性，是分子量很大，還有一條一條長長的鏈狀結構。這些鏈狀結構大大影響了產品的特性。

以聚乙烯（PE）為例，如果每一條鏈都又長又沒有分岔，這種聚乙烯鏈可以整齊的排在一塊兒，密度非常高，稱為高密度聚乙烯（HDPE）。這種塑膠比較堅硬，無論水或是油都不易溜進這些密度高的長鏈中，所以這種塑膠可用來做瓶子或管子。如果聚乙烯的鏈有很多分支，讓這些鏈排不整齊，甚至打結扭曲，密度當然會變低，稱為低密度聚乙烯（LDPE）；這種塑膠比較透明、柔軟，是塑膠袋、保鮮膜常用的材料。

## 軟硬更有彈性

科學家並不滿足於只靠密度和支鏈數量來調整聚乙烯塑膠材料的特性，他們另外想出了在聚合物主鏈上動手腳的方法：讓這些碳鏈變得凹凸不平，或是鏈與鏈之間多一些立體障礙，做出比 HDPE 稍微軟一些，但是比 LDPE 硬的材料。

讓碳鏈凹凸不平最普遍的方法，是使用丙烯做為單體，由它聚合而成的材料叫做聚丙烯（PP），這種材料長鏈上掛著的分支會互相卡住，廣泛應用在各種瓶罐杯盆，是我們生活中最常接觸到的塑膠。不過在操作與輸送時，稍一不慎便會引發意外，2014 年高雄氣爆事件，就是丙烯的輸送管破裂而釀成的慘劇。

除了製造立體障礙，科學家還有許多方法可以調整分子，像是聚氯乙烯（PVC），長鏈的一邊全是氯，另一邊都是氫，因此帶有極性。這讓聚氯乙烯長鏈之間，除了立體構造造成的作用力之外，多了像磁鐵一樣相

**高密度聚乙烯（HDPE）**
又直又沒有分岔的聚乙烯鏈聚在一起，可以排得整整齊齊，分子間的密度高，做出來的塑膠質地也比較硬。

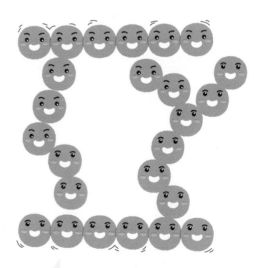

**低密度聚乙烯（LDPE）**
有很多分岔的聚乙烯鏈聚在一起，支鏈會稍稍推開彼此，所以分子間的密度比較低，可以做出較柔軟的塑膠。

繪圖：Uncle Alvin

吸的力量。這種較大的分子間作用力，使得 PVC 塑膠成為塑膠材料中最穩定的一種，極耐熱、不易燃燒，也不易被酸鹼侵蝕，硬度又高，因此 PVC 塑膠發明之後，很快成為民生工業中的重要原料。

## 超強吸水力

　　化學家也可以為乙烯裝上其他不同的原子或分子，來得到更多不同功能的高分子。膠水的原料聚乙烯醇（PVA）和尿布中常有的成分聚丙烯酸，就是把乙烯單體上的氫置換成了氧原子的高分子聚合物。由於有大量的氫氧基存在這些高分子鏈之間，這些氫氧基能跟水產生氫鍵，可以把水分子拉在這些鏈旁邊，達到吸水效果。以聚

### 軟化專家：塑化劑

PVC 塑膠既硬又脆，不容易加工，於是科學家開始想辦法降低這些作用力。塑化劑可以溶入聚氯乙烯，拉開聚氯乙烯長鏈之間的距離，將它軟化，在環境改變了之後，塑化劑就會離開。使用塑化劑調整塑膠的特性，最大的問題在於塑化劑並不是以化學鍵嵌在聚合物的分子鏈上，而是單純的卡在它們之間，如果遇到溫度、酸鹼或溶劑等環境的變化，很容易會脫離材料而滲出。以塑化劑 DEHP 而言，它是一種環境賀爾蒙，會造成內分泌失調，尤其是影響生殖機能。我們生活中或多或少都會接觸到塑化劑，因此要記得多喝水，幫助身體把接觸到的塑化劑代謝掉喔！

丙烯酸的產品來説，每一單位的聚丙烯酸可以吸收 100 倍質量的水，非常適合用在各種需要吸水的產品上。

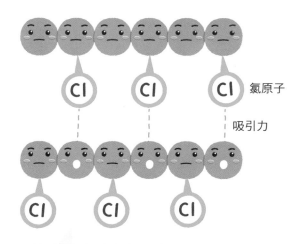

**聚氯乙烯（PVC）**
長鏈上有一邊全接上氯原子，氯原子會和鄰近長鏈產生像磁鐵一樣相吸的力量，讓聚氯乙烯的性質相當穩定。
※ 長鏈中的氫原子未畫出

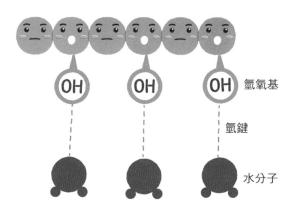

**聚乙烯醇（PVA）**
聚乙烯醇的氫氧基長得和水很像，可以和水分子產生氫鍵，把水分子拉過來，因此吸水的能力很強。
※ 長鏈中的氫原子未畫出

# 塑膠的變奏曲

原來，在高分子聚合物的鏈與鏈之間，只要一點點改變，就能夠大幅影響材料特性。單體從乙烯換成丙烯，可賦予鏈與鏈之間立體障礙；單體從乙烯換成氯乙烯，可賦予鏈與鏈之間更強大的作用力；單體加上氧，聚合物就能吸水。但是，這些鏈幾乎都是條狀或是線性的，有沒有能夠像彈簧一樣可以伸縮的高分子聚合物呢？當然有，而且我們熟悉得不得了，這種具有彈性的高分子聚合物，叫做橡膠。

## 伸縮自如的彈性網：橡膠

橡膠的單體很不一樣，單體上至少會有兩組雙鍵，在聚合的時候保留一部分的雙鍵結構，再透過化學反應把一條一條的鏈交叉連結起來，這個後續處理叫做「交聯反應」，在這個網狀結構之間的鏈受到外力時，可以

被擠扁一點，或是被拉鬆開一點，像是彈簧一樣，這樣的性質賦予了橡膠彈性。中南美洲的原住民在很久以前，發現橡膠樹的乳液經過處理之後，能具有彈性和防水等有趣的特性，於是拿來製作蹴球遊戲的皮球、橡皮鞋子，或是製作防水衣物，這種材料後來傳到了歐洲，科學家才慢慢發展出合成橡膠的技術。

我們目前使用的橡膠材料，有的是天然橡膠，有的是由石化工業製造的合成橡膠，而幫助合成橡膠的試劑，通常是以含有硫的化合物為主，因此在工業上，把使用硫化物對橡膠進行交聯反應的步驟稱為「硫化」。硫在橡膠中可以緩慢的持續反應，使橡膠放愈久，愈容易硬化。開車族常常被提醒，就算輪胎胎紋完整，如果太過老舊，仍會有爆胎的危險，正是這個緣故。

**交聯反應**
橡膠裡用含有硫的化合物將碳鏈一條條交叉連結起來，形成網狀結構。這個網狀結構像彈簧一樣伸縮自如，所以橡膠才會這麼有彈性。

※ 長鏈中的氫原子未畫出

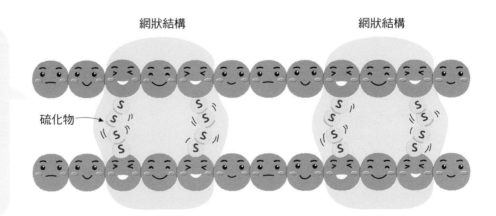

網狀結構　　　　　　網狀結構

硫化物

繪圖：Uncle Alvin

12

## 單體的排列組合：尼龍

這麼多種單體，不禁讓人想到，有沒有可能用不同的單體排列組合來進行聚合反應呢？這跟單純只把兩、三種材料混在一起，是完全不一樣的。科學家經過嘗試之後找到了這種稱為「共聚合」的特殊聚合方式：先讓 A 單體和 B 單體結合成化合物 AB，再讓化合物 AB 進行聚合，得到一連串既有 A 又有 B 的聚合物。

共聚合的產品之一，是我們在運動場上踩來踩去、俗稱為 PU 的聚胺脂類高分子聚合物；另外，日常生活中很常見的尼龍（Nylon）也是共聚合而來的產物，其中尼龍 66 使用的單體分別有六個碳原子，所以給了這種尼龍「66」的編號。這兩種單體聚合出來的高分子，在一堆長長的碳鏈中，每隔一段就會出現一次含有氮也含有氧的部分，這個部分能夠在平行的鏈之間產生大量的氫鍵，因此尼龍是一種具有延展性而且非常強韌的材料。共聚合所得到的高分子聚合物，透過配方的調整，甚至可以拿來做防彈衣呢！

## 身體可吸收：聚乳酸

高分子聚合物的特色，是許多同樣的分子透過聚合反應而連在一起，形成非常大的分子，雖然用途非常多，但是對地球環境帶來很大的衝擊，而且不是一、兩百年可以解決的。高分子聚合物的主幹幾乎都是碳碳相連，化學鍵既穩定又有驚人的數量（隨便一種就有上萬個碳）。要破壞這些高分子聚合物，需要很高的能量，否則它們會一直在地球上保持不變，成為萬年垃圾。再加上許多高分子聚合物的原料，都必須透過石化工業

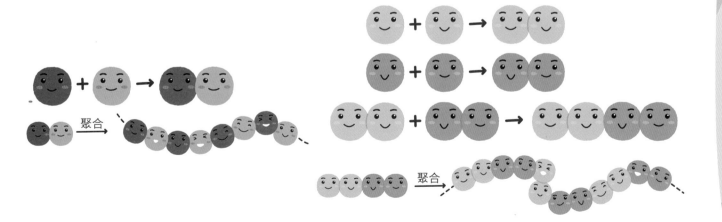

**共聚合反應**
利用不同單體做出各種組合，不同的配方可做出性質不同的塑膠喔。

聚乳酸長鏈

**聚乳酸**
聚乳酸長鏈的頭尾不同，中間單體不斷重複，單體之間有許多氧，容易被分解而斷開，是比較環保的塑膠。

分解

來取得，除了不斷消耗地球的天然資源之外，在製造過程與公共安全上更需要很細心的控制。難道科學家想不到方法解決這些問題嗎？

在這種情況下，科學家開發出「聚乳酸」這樣的塑膠材料。這些乳酸可以透過兩兩去掉一分子的水而逐漸連起來，變成一個高分子量的聚合物，而且這個高分子鏈上，保留了許多氧，讓水分子容易靠近產生氫鍵，進而讓這些高分子聚合物容易分解成一小段、一小段的。

聚乳酸所使用的原料，可以由澱粉發酵而來，玉米是目前拿來製作聚乳酸原料的主要作物，它可被生物分解，而且最棒的是，人類的身體能夠代謝這種聚乳酸。事實上，在我們動手術時，縫合體內組織用的線和治療骨折的骨板、骨釘，使用的就是聚乳酸材料。一般情況下，半年到兩年內，它就可以在體內慢慢被分解吸收掉。

## 塑膠的未來

目前人類的生活還離不開石化產業所生產出來的塑膠，石油除了做為能源，還做為塑膠的原料大量被消耗，因此避免使用一次性塑膠產品，對於地球來說，是絕對必要的行動。使用完塑膠後，千萬不要亂丟，記得要依據塑膠材質做好分類，讓後續的利用與回收能夠更有效率。當然，在了解原子和分子間各種各樣的作用力、高分子聚合物的設計與反應的方式之後，希望未來有更多科學家投入這些材料的領域進行改良，也許有一天我們可以不再依賴萬年不變的塑膠，而有更多更好的替代產品可以使用。🄷

**作者簡介**

高憲章　在淡江大學理學院科學教育中心擔任執行長，同時負責化學下鄉活動計畫，跟著行動化學車全臺跑透透，經由各種化學實驗與全臺各地的國中生分享化學的好玩與驚奇。因為個子很高，所以是名符其實的高博士。

繪圖：：Uncle Alvin

# 千變萬化的塑膠

國中理化教師　李冠潔

## 主題導覽

　　日常生活中俗稱的塑膠，化學名稱是高分子化合物，又稱聚合物。聚合物是由許多單體重複堆疊而成，相較於一般的化合物，高分子化合物的分子量極大，約在一萬以上，組成的原子個數也是由數百個到數千個不等。聚合物可以依照來源分為天然聚合物及人工合成的聚合物。天然聚合物如蛋白質、纖維素、澱粉、天然橡膠等，

本文介紹的尼龍、聚乙烯、聚氯乙烯則為人工合成聚合物。

　　聚合物雖然方便又耐用，但人工合成聚合物是本來不存在自然界的物質，因此也不容易被微生物分解，若是過度使用會造成生態浩劫、環境汙染，因此我們平時不只要做好分類回收，減少塑膠的使用才是維護自然的根本之道。

## 關鍵字短文

　　〈千變萬化的塑膠〉文章中提到許多重要的字詞，試著列出幾個你認為最重要的關鍵字，並以一小段文字，將這些關鍵字全部串連起來。例如：

**關鍵字：**1. 高分子化合物　2. 單體　3. 聚合反應　4. 鍵結　5. 自由基

**短文：**高分子化合物是由許多個小分子單體，經過聚合反應形成的巨大分子量化合物。聚合反應的過程中，小分子單體需要吸收能量，打斷原有的鍵結，才能產生自由基。自由基代表原子或分子中帶有未配對的電子，活性極強，很容易跟周邊的原子或分子發生作用，並引發一系列反應。人體呼吸或代謝時也會產生自由基，若人體內自由基太多，會破壞人體基本結構分子，導致疾病。

關鍵字：1.＿＿＿＿＿　2.＿＿＿＿＿　3.＿＿＿＿＿　4.＿＿＿＿＿　5.＿＿＿＿＿

短文：＿＿＿＿＿＿＿＿＿＿＿＿＿＿＿＿＿＿＿＿＿＿＿＿＿＿＿＿＿＿＿

＿＿＿＿＿＿＿＿＿＿＿＿＿＿＿＿＿＿＿＿＿＿＿＿＿＿＿＿＿＿＿＿

＿＿＿＿＿＿＿＿＿＿＿＿＿＿＿＿＿＿＿＿＿＿＿＿＿＿＿＿＿＿＿＿

**挑戰閱讀王**

看完〈千變萬化的塑膠〉後，請你一起來挑戰以下題組。

答對就能得到👍，奪得 10 個以上，閱讀王就是你！加油！

☆聚合物依照組成的原子，可分為有機聚合物與無機聚合物，日常生活中常見的塑膠、橡膠、尼龍繩、保麗龍都屬於有機聚合物。有機化合物的定義是含有碳元素的化合物，但是有例外，碳的氧化物（一氧化碳、二氧化碳）、碳酸鹽類（碳酸鈣、碳酸氫鈉）或是有劇毒的氰化物等，都是含碳但屬於無機的化合物。自然界中有機物的種類遠比無機物多，因為碳的鍵結數多，能跟許多不同的原子結合，產生多種排列組合。聚合物則屬於有機化合物中的高分子化合物，有機化合物的分類如右圖所示，可依照組成原子的種類或是結構，分為各種有機化合物。請根據上面的敘述回答下列問題。

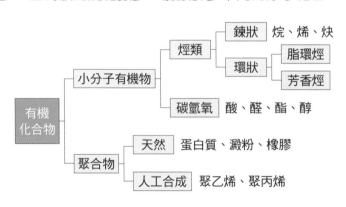

（　）1.有機化合物過去的定義是指來自生命體內的化合物，例如葡萄萄、蛋白質、尿素等，但是後來科學家發現，有機化合物也可人工合成，關於有機物的定義何者正確？（答對可得到 1 個👍哦！）

①含有 H 的化合物，例如人體內最多的水分子（$H_2O$）

②含有人體必需的氧原子化合物，例如葡萄糖（$C_6H_{12}O_6$）就是有機物

③只要是生物體內合成的物質就是有機物

④大部分含有碳的化合物都是有機物，但是有例外

（　）2.聚合物是由許多小分子重複連結而成，生活中哪個物品的主要成分不是聚合物？（答對可得到 1 個👍哦！）

①輪胎　②保特瓶　③肥皂　④紙張

（　）3.根據分類圖，試著判斷下列何者敘述錯誤？（答對可得到 1 個👍哦！）

①烷、烯、炔是由碳氫氧構成的小分子有機物

②蛋白質是由小分子單體連結而成

③聚乙烯是不存在自然界生物體中的分子

④酒精分子的組成原子個數比澱粉少很多

（　）4.有機化合物的定義是含有碳原子，下列哪種方法較容易分辨出物質為有機或無機物？（答對可得到 1 個👍哦！）

①將物質加水後，能否溶解

②將物質燃燒後，是否變黑

③冰在冰箱裡，看物質體積是否收縮

④測量物質能否導電，若能導電就是有機物

☆貝克蘭（Leo Baekeland）是比利時的發明家，他熱愛攝影，也因為改良底片的過程愛上化學。他在 1907 年利用產煤過程形成的廢棄物苯酚與甲醛混合，在高熱高壓下合成出一種硬質塑膠，他把這種塑膠稱為「酚醛樹酯」（bakelite），俗稱電木，是人類史上第一個合成出的高分子化合物，貝克蘭因此被稱為「塑料工業之父」，世界也進入了塑膠工業時代。

酚醛樹酯的結構（右圖）猶如一張網子，又稱為網狀聚合物。網狀聚合物非常堅固，可以耐高溫、耐酸鹼且絕緣性佳，也不溶於有機溶劑中，屬於熱固性聚合物。熱固性聚合物用途非常廣泛，可製造汽車輪胎、電腦主機板、操場 PU 跑道、直升機螺旋槳等。另有一類塑膠與熱固性塑膠相反，既不耐高溫，遇到酸鹼或有機溶劑會溶解，這種塑膠的分子結構多呈鏈狀，如下圖。此種分子稱為熱塑性

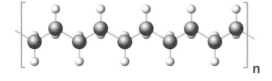

聚合物，生活中常見的寶特瓶、保麗龍、保鮮膜等，都是鏈狀聚合物，較容易分解及回收。

（　）5.塑膠能取代傳統材料，成為生活用品的萬用材料，是因為塑膠有許多其他
材質沒有的優點。下列何者不是塑膠的特性？（答對可得到 1 個👍哦！）
①密度較大、較堅固　②比玻璃、金屬輕便
③能夠防水　④避免導電、絕緣良好

（　）6.熱固性聚合物和熱塑性聚合物何者較耐高溫？可能的原因是什麼？
（答對可得到 1 個👍哦！）
①熱塑性較耐高溫，因為它可以高溫塑造
②熱固性聚合物較耐高溫，因為分子結構性呈網狀、緊密結合不易熱分解
③熱塑性聚合物較耐高溫，因為其為鏈狀結構
④熱固性較耐高溫，因為加熱會融化

（　）7.關於塑膠的敘述何者正確？（答對可得到 1 個👍哦！）
①依照結構只可分為直鏈狀和分支狀兩種
②塑膠都可以回收，只要做好分類就不會造成汙染
③熱固性塑膠耐酸鹼又耐高溫，因此很難回收
④塑膠埋在地底下會自行分解

☆生活中最常接觸到的塑膠是
聚乙烯，聚乙烯由乙烯單體
重複連結而成。沒有支鏈分
子的聚乙烯，每一條長鏈沒
有分岔，可以整齊排列，因
此密度較高，稱為高密度聚
乙烯（HDPE）。HDPE 堅
硬、耐酸鹼、不透光又防水，

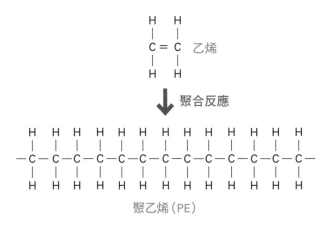

常用來做為奶製品和化學製品的容器。如果聚乙烯分子有支鏈，分子間則出現空
隙，使密度變小，由於柔軟又能防水，常用來做成塑膠袋和保鮮膜。每種塑膠有
各自的回收代號，對照回收標誌（右頁），便能知道屬於哪種塑膠、是否耐熱、
可否回收。請根據本文描述回答問題。

（　　）8. 塑膠都是由小分子單體重複堆疊聚合而成，下列何者可能不是聚合物？

（答對可得到 1 個👍哦！）

①聚乙烯　②聚氯乙烯　③澱粉　④葡萄糖

（　　）9. 根據下表想想看，關於塑膠的敘述何者錯誤？（答對可得到 1 個👍哦！）

| 七大類可回收塑膠 | | | | | | |
|---|---|---|---|---|---|---|
| ♳ 1 | ♴ 2 | ♵ 3 | ♶ 4 | ♷ 5 | ♸ 6 | ♹ 7 |
| PETE | HDPE | PVC | LDPE | PP | PS | 其他 |
| 特徵：透明、瓶底有一個點 | 特徵：不透明或半透明 | 特徵：瓶底有一條線 | 特徵：不透明或半透明 | 特徵：不透明或半透明 | 特徵：硬膠類塑膠、發泡製品 | 特徵：PLA（植物可分解塑膠） |
| 耐熱溫度：60～85℃ | 耐熱溫度：90～110℃ | 耐熱溫度：60～80℃ | 耐熱溫度：70～90℃ | 耐熱溫度：100～140℃ | 耐熱溫度：70～90℃ | 耐熱溫度：50℃ |
| 常見：寶特瓶 | 常見：牛奶罐、清潔劑 | 常見：洗碗精、漱口水 | 常見：塑膠袋、可擠壓瓶身的容器 | 常見：咖啡杯蓋、吸管 | 常見：養樂多、保麗龍 | 常見：餐具、飲料杯 |

①塑膠未必都能耐高溫，因此盛裝高溫的容器應特別注意是哪種塑膠

②塑膠有非常多種，但是能回收的種類不多

③塑膠皆為透明的，需要特別染色才能不透光

④有的塑膠可以分解，多選用此種塑膠，較不易破壞生態

（　　）10. 毛弟早上到超商買了一杯熱咖啡，發現咖啡杯上印有標語「咖啡 80℃，請

小心燙口」，又發現蓋子上有 ♷ 這樣的回收標誌，他有點擔心蓋子會融

化，而不敢喝咖啡。關於他的擔憂何者正確？（答對可得到 2 個👍哦！）

①所有塑膠遇熱都會融化，因此不建議食用此杯咖啡

②此杯蓋是用 PP（聚丙烯）製成，能耐熱到 140℃，可以安心食用

③所有熱飲都不能用塑膠盛裝，這是超商的疏失不應購買

④此類塑膠是高密度聚乙烯，可耐熱到 110℃，因此可以承受咖啡溫度

**延伸知識**

**塑膠回收：**雖然生活中許多塑膠都有標示可回收的三角標誌，不過根據環保團體調查，這些塑膠雖然可以利用特殊方法溶解回收再利用，但事實上，大部分塑膠因為回收成本太高、經濟效益低，並未真正重新再利用，而是進入垃圾掩埋場或是焚化爐，只有寶特瓶和高密度聚乙烯的回收率較高。因此減少使用塑膠，多使用非一次性的包裝、環保餐具，才是資源永續之道！

**延伸思考**

1. 塑膠並不存在自然界，它不是由動物、植物或礦物中萃取出來的，因此非常難讓自然界的微生物分解。貝克蘭是第一個發明合成塑膠的人，查查看最早發明的塑膠是什麼？有什麼用途？

2. 日常生活中的聚合物非常多，雖然都稱為塑膠，但其實有很多種類，也不是每種都能回收。查查看，哪些塑膠能回收、哪些不能？標示可回收的塑膠，真的可回收嗎？

3. 有機物比無機物的種類多，觀察你常用的物品是什麼材料做的，有沒有簡單的方法可分辨有機物或無機物呢？

4. 塑膠、蛋白質、醣類、脂質都是有機物，內部結構也都以碳原子為主軸，但是自然的有機物容易被微生物分解，人造有機物卻不容易被分解，主要的原因是什麼？同時了解一下微生物的分解作用機制吧！

# 克耳文

這位英國物理學家的成就涵蓋熱力學、電磁學、工程應用、電工儀錶與測量等，受到科學界極力的推崇與讚賞。由於對鋪設橫跨歐美的大西洋海底電纜工程做出貢獻，英國皇室授予他克耳文爵士的頭銜。

撰文／水精靈

克耳文（Lord Kelvin）是誰？大家可能對他很陌生，但應該聽過絕對溫標（或稱克氏溫標）吧？便可以擊敗對手！絕對溫標的代表符號 K，但他不只是國際單位制中的溫度單位，更是為了紀念克耳文這位「熱力學之父」！

繪圖：楊綠早

克耳文原名是威廉‧湯姆森（William Thomson），於 1824 年出生在愛爾蘭貝爾法斯特，父親是數學教授，他從小在父親的教育之下，很快嶄露出數學天分，10 歲便進入格拉斯哥大學就讀，是當時世界上年紀最小的大學生。

1840 年春天，父親規劃了一條在德國境內、風景優美的旅遊路線，想讓孩子練習德語。出發之前，湯姆森對法國數學大師傅立葉（Joseph Fourier）的一本著作著迷，因此他帶著這本書，旅途中有機會就研讀。

湯姆森聽說有位愛丁堡大學教授批判書中內容，不過他發現是教授搞錯了，於是使用筆名 P.Q.R. 寫了一篇反駁的論文為傅立葉辯護，又陸續在劍橋大學的數學雜誌上發表兩篇論文，雖然不是用真名，但不久後大家都知道作者是誰，湯姆森頓時聲名大噪。

## 為熱力學奠定基礎

湯姆森於 1847 年遇到英國物理學家焦耳（James Prescott Joule），開啟他研究熱力學的大門。在當時，物理學家相信熱是看不見的氣態物質，物體吸收「熱質」後，溫度會上升；湯姆森也是忠實信徒。不過焦耳獨排眾議，認為熱是種能量。湯姆森研究了焦耳的論文後，開始改變想法，轉而支持焦耳的見解。年齡相近的他們成為好友，一起投入熱力學研究，為熱力學第一定律（能量守恆定律）提供了非常有力的實驗證明。

1848 年，湯姆森根據法國的物理學家卡諾（Sadi Carnot）等人的理論，提出了絕對溫標的概念，以絕對零度做為溫標的起始點。後人為了紀念他的貢獻，便以克耳文（Kelvin，K）來命名絕對溫標的單位。

1851 年，湯姆森發表「熱動力理論」的論文，即熱力學第二定律。這個定律指出：低溫物體不可能自發性的將熱量轉移到高溫物體上。

## 十年獻身跨洋電纜

自從電報問世，這種新型通信方式很快風行世界各地，不過當時電報只能在陸地上使用。記者在紐約採訪的消息，通過郵船需要

▶克耳文日晷羅盤。原本的航海指南針容易受到船舶材料中的鐵影響，而產生磁偏差，湯姆森改善了這個問題。

克耳文 小檔案

| 出生 | 10歲 | 22歲 | 27歲 |
| --- | --- | --- | --- |
| 1824 年生於愛爾蘭的貝爾法斯特，從小聰敏好學。 | 進入格拉斯哥大學學習，是當時年紀最小的大學生。 | 受聘為格拉斯哥大學自然哲學教授，直到 75 歲才退休。 | 發表「熱動力理論」的論文，為熱力學理論的發展奠下基礎。 |

12天才能送達英國，照這種速度，新聞傳到另一岸早已成了舊聞。隨著經濟發展與各地頻繁交流，傳統郵船已無法滿足歐美的通信需求。

雖然英法之間的英吉利海峽 1851 年才剛鋪設了全世界第一條海底電纜，但修建橫跨大西洋海底電纜的呼聲卻日益升高，但由於距離長，工程不僅艱鉅，還可能發生信號延遲、衰減和失真的狀況，甚至無法正常傳送電報。

湯姆森於 1855 年發表了信號傳輸論文，有系統的分析海底電纜信號衰減的原因，解決了長距離通訊問題。這篇論文後來更成為設計海底電纜通信工程的重要理論。

後來大西洋電報公司在倫敦成立，年僅 32 歲的湯姆森擔任董事。按照規定，湯姆森在股東獲得 10% 的紅利之前沒有薪水，但他並不在意酬勞，只想在第一條跨大西洋海底電纜工程裡大展身手，卻沒想到這一做，就是十年。

湯姆森在公司沒有任何技術職位，只是科學顧問。公司另外聘懷特豪斯（Wildman Whitehouse）為首席電氣工程師，但不久後，湯姆森以實際行動證明自己對整個工程不可或缺。

有天，湯姆森發現設計圖上的電纜直徑比理論值小很多，因而提出要求。「懷特豪斯先生，我覺得這部分的電纜應該加粗一點，提高導電率。」

「很抱歉，設計圖已經交給承包商，電纜目前製作中。」懷特豪斯回答。

「為什麼不先知會我？」湯姆森反問。

「我可是電氣工程師，你不過是顧問！」懷特豪斯不客氣的說，「而且現在片面更改與承包商的合約，會讓公司遭受巨大的損失！我負不起這個責任！」

湯姆森回到辦公室，思考解決辦法。在無法加大電纜直徑的前提下，他著手研究如何提高銅的導電率。當他拿著研究資料到懷特豪斯的辦公室爭論時，承包商竟然附和懷特豪斯的意見：「反對變更工程設計！」

◀湯姆森在熱力學、電磁學等領域都有重大貢獻，不過鋪設跨大西洋海底電纜是他投入最久的事業。圖為湯姆森與航海用定位儀的合照。

**29歲**
發表「瞬間電流」的論文，為日後馬克士威的電磁理論研究做出開拓性的貢獻。

**32歲**
擔任電報公司董事，開始研究海底電纜。

**42歲**
鋪設第一條大西洋海底電纜有功，受封為克耳文爵士。

**66歲**
擔任英國皇家學會會長。

**83歲**
辭世。

於是，湯姆森提議召開會議進行辯論。他列舉大量實驗數據，說明制定規格標準的必要性和可行性。海底電纜的計畫主持人費爾德（Cyrus West Field）最後採納他的建議，廠商只好按照新的規格標準重新簽約。正所謂「一手趙雲橫掃千軍，一名殘兵火鳳燎原」，懷特豪斯沒想到自己敗在全公司最年輕的人手中，從此懷恨在心。

## 接二連三的打擊

1857 年，電纜造好了，大西洋電報公司以阿伽門農號和尼加拉號兩艘船負責運載與鋪設作業：一半從愛爾蘭鋪到大西洋中心，另一半從中心交會處一路鋪到紐芬蘭。

由於懷特豪斯藉口身體不適，沒有隨船出航，湯姆森代理接管從大西洋中心到紐芬蘭的鋪設工作。布纜船像蜘蛛吐線一樣，一邊小心翼翼的向前移動，一邊緩緩沉放電纜。當工程進行到距離出發地 338 海浬時，絞盤發生故障，電纜意外斷裂。以當時的技術條件根本無法修復斷掉的纜線，於是第一次的沉放作業以失敗告終。

所謂「君子報仇十年不晚，小人報仇從早到晚。」懷特豪斯對這次失敗感到幸災樂禍。

公司針對失敗原因進行調查後，認為設備操作人員缺乏足夠訓練，工程師在設計時也沒有考量到纜線是否夠強韌，有些董事則認為湯姆森要負責。湯姆森不理會別人的議論，只專注

思考如何解決問題。雖然電纜斷裂是因為外層不夠強韌，但這並不難解決。麻煩在於，他在鋪設電纜的過程中發現，接收到的信號極其微弱，即使鋪設成功，也無法收到信號，如此一來整條電纜將成為一件造價昂貴的裝飾品。

湯姆森意識到，必須製造出靈敏度更高的電報系統！於是開始尋找解決辦法，試驗了許多方案，最後終於讓他發明了鏡式檢流計電報機。這個裝置的靈敏度很高，解決了長距離海底電纜接收不到微弱信號的問題。

1858 年初夏，大西洋海底電纜進行第二次鋪設作業。不同於第一次的方式，這次改從大西洋中心開始，朝向兩岸慢慢前進。懷特豪斯再次藉口身體不適，拒絕登船。湯姆森只好再度代理他的職位，登上阿伽門農號出海。

然而不幸又降臨了。船隊尚未到達大西洋中間的預定地點即遇上了暴風雨。船上的電纜在風暴中碰撞，受到嚴重損害，加上雙方無法精準確定對方的位置，最後只能打道回府。經歷了兩次失敗，輿論都是質疑的聲音，董事會幾乎想要放棄。但是在湯姆森、費爾德等人的遊說之下，董事會決定再做一次努力。

◀湯姆森發明的鏡式檢流計電報機，可偵測到海底電纜的微弱信號。

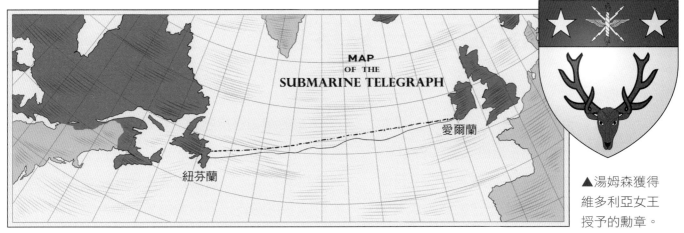

▲橫跨大西洋的海底電纜示意圖。

MAP
OF THE
SUBMARINE TELEGRAPH

愛爾蘭

紐芬蘭

▲湯姆森獲得維多利亞女王授予的勳章。

繪圖：楊綠早·圖片來源：Wikimedia Commons

阿伽門農號再次載著電纜出發，前往偉大的航道。同年 8 月，橫跨大西洋的電纜終於架設好了。然而這次成功只是曇花一現。幾天之後，北美接收不到歐洲傳來的訊號，懷特豪斯決定施加 2000 伏特的高壓來啟動另一頭的接收器，結果導致電纜被擊穿而澈底報廢。懷特豪斯因此遭到開除，由湯姆森接替他的職位。

## 歐美兩岸成功通訊

公司為了鋪設一條電纜耗盡了資金，最終卻落得如此悲慘的結果。在董事會上，不少股東決定退出。這時，湯姆森站了出來，振臂高呼：「電纜不能斷！我們應該繼續做下去，直到成功。」

費爾德挺身支持湯姆森的意見：「湯姆森教授說的有道理！我們必須堅信這項工程終將完成，勝利的一天一定會到來。」

1865 年，費爾德帶著 60 萬英鎊的資金回來，重新啟動電纜鋪設計畫。當他們載著全新的海底電纜，搭著偉大東方號再度航行

到大西洋中央鋪設時，電纜意外斷裂，墜落到 1 萬 2000 呎深的海溝裡。湯姆森和同事呆望著，心情相當沉重。但是這一次失敗的打擊仍未動搖他的決心。

第二年，偉大東方號再次出航。這次終於成功了，湯姆森欣喜若狂，他大概如印象派大師孟克的名作「吶喊」一般，在心底吶喊無數次吧！湯姆森可是為了跨大西洋海底電纜工程付出整整十年的光陰！

海底電纜的鋪設工程好比登月的壯舉，它涉及了科技、政治和經濟等方面，但湯姆森不怕失敗，正視困難並設法解決。他曾說：「最能代表我這 50 年在科學研究上的奮鬥，就是『失敗』這兩個字。」

湯姆森因為這項成就受封為克耳文爵士，從此以後，「克耳文」這個偉大的名字，在科學史上流傳不朽。🈯

水精靈　隱身在 PTT 裡的科普神人，喜歡以幽默又淺顯易懂的方式和鄉民聊科普，真實身分據說是科技業工程師。

# 跨洋電纜的推手——克耳文

國中理化教師　李冠潔

## 主題導覽

克耳文爵士原名威廉·湯姆森，出生在學術家庭，父親是格拉斯哥大學數學教授。湯姆森從小跟著父親在大學裡旁聽，耳濡目染的結果讓湯姆森愛上了數學與電學，並且在 10 歲的時候考上格拉斯哥大學學習數學，成為當時年紀最小的大學生。他更在 16 歲時發表了第一篇公開論文，為傅立葉辯護，此篇論文刊登在《劍橋數學雜誌》上，使得湯姆森聲名大噪。

17 歲的湯姆森接著進入劍橋大學學習電磁學和熱學，之後遇到了焦耳；他們一起研究熱學，提出了幾個重要定律。克耳文的研究非常廣泛，不只電磁學和熱力學，還有海底電纜裝設、電工儀表、波動理論、地球年齡的推測等，他都頗有研究與成果。由於對人類科技進步的無私奉獻，他受封為爵士，死後葬在西敏寺牛頓的墓穴附近，足為後世永遠推崇與景仰。

## 關鍵字短文

〈跨洋電纜的推手——克耳文〉文章中提到許多重要的字詞，試著列出幾個你認為最重要的關鍵字，並以一小段文字，將這些關鍵字全部串連起來。例如：

**關鍵字：**1. 熱力學定律　2. 絕對零度　3. 能量守恆　4. 電磁學　5. 電磁感應

**短文：**熱力學定律主要在闡述絕對零度以上（-273.15℃）熱能與外在環境的交互作用，或是與物質作功（能量互換）之間的關係。熱能夠和其他能量互相轉換，例如火力發電是將燃燒石化燃料產生的熱能，轉換成渦輪運轉的機械動能，再用機械動能經過磁生電的發電機產生電能。熱力學第一定律提到的能量守恆，是指能量不能被創造也不能被毀滅，只能由一種能量形式轉換成另一種形式。另一方面火力發電廠還運用了電磁感應現象，這是由湯姆森的朋友法拉第提出的現象。

關鍵字：1.＿＿＿＿＿　2.＿＿＿＿＿　3.＿＿＿＿＿　4.＿＿＿＿＿　5.＿＿＿＿＿

短文：＿＿＿＿＿＿＿＿＿＿＿＿＿＿＿＿＿＿＿＿＿＿＿＿＿＿＿＿＿＿＿

＿＿＿＿＿＿＿＿＿＿＿＿＿＿＿＿＿＿＿＿＿＿＿＿＿＿＿＿＿＿＿＿＿

**挑戰閱讀王**

看完〈跨洋電纜的推手──克耳文〉後，請你一起來挑戰以下題組。

答對就能得到👍，奪得 10 個以上，閱讀王就是你！加油！

☆ 1856 年克耳文開始海底電纜的研製工作，在他的率領下，英國大西洋海底電纜公司經過十年的艱苦努力，終於在 1866 年第四次沉放時，成功鋪設了世界第一條橫跨大西洋的海底電纜，大幅縮短了北美洲與歐洲的通訊時間。不少人曾在付出九年失敗的代價之後，失去了信心，只有克耳文心堅若磐石，不輕言放棄，說服大家再次試驗。公司總經理問克耳文：「您有把握成功嗎？」克耳文斬釘截鐵回答：「我相信大西洋擋不住人類的進步！」

（　）1. 根據本文，下列哪個不是克耳文擅長的領域？（答對可得到 1 個👍哦！）

　　　①電磁學　②數學　③量子力學　④熱學

（　）2. 下列何者是克耳文對科學界的影響？（答對可得到 1 個👍哦！）

　　　①推算出溫度的最小值絕對零度等於 -273℃

　　　②使海上船隻的定位更準確

　　　③偵測海底電纜的微小訊號，縮短美洲與歐洲的通訊時間

　　　④以上皆是

（　）3. 從克耳文身上能夠看到科學家的什麼特質？（答對可得到 1 個👍哦！）

　　　①刻苦鑽研，實事求是　②小時了了，大未必佳

　　　③怠惰懶散，害怕失敗　④屈服強權，不敢嘗試

（　）4. 克耳文修築海底電纜時，為何不斷面臨失敗？（答對可得到 1 個👍哦！）

　　　①操作人員經驗不足　②恰逢天災　③當時科技不夠發達　④以上皆是

☆克耳文一生除了研究熱學，也研究電學。修築電纜需要許多電學知識和設備，但在當時設備並不敷使用，為此他根據鋪設電纜的需要，設計了靜電計、鏡式檢流計、雙臂電橋等電學儀器，其中許多儀器因為性能優越，一直延用至今。

（　）5. 下列哪種儀器與電學無關？（答對可得到 1 個👍哦！）

　　　①溫度計　②靜電計　③安培計　④驗電器

（　　）6.驗電器是構造簡單、可測量是否帶電或帶電性的儀器（圖一），當帶電物
　　　　體靠近不帶電的驗電器頂端的導體（A）時，下端兩箔片（B）會因靜電感
　　　　應帶同性電而相斥張開，由兩箔片張開角度大小可估計物體帶電量多寡。
　　　　如果有個驗電器帶負電，用帶正電的玻璃棒靠近驗電器上方的金屬盤（A）
　　　　而不接觸，下方的金箔（B）有何反應？（答對可得到 2 個👍哦！）

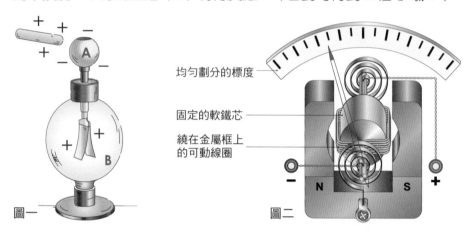

均勻劃分的標度

固定的軟鐵芯

繞在金屬框上
的可動線圈

圖一　　　　　　　　　　　　　　　　　圖二

　　　　①由閉垂變張開　②由張開變閉垂　③持續張開　④持續閉垂
（　　）7.檢流計又稱電流計（圖二），用於測量微弱電流，原理為電流的磁效應，
　　　　當電流通過導線時會產生磁場，與永久磁鐵同極互斥而帶動指針旋轉。根
　　　　據以上敘述，下列何者正確？（答對可得到 2 個👍哦！）
　　　　①電流無法產生磁場　②電流消失磁性不會消失
　　　　③同極磁鐵如 N 跟 N 會互相排斥　④電流越強指針偏轉越小


☆過去人們認為熱是種無色、無味、無質量且會流動的物質，稱為熱質。直到 19
　世紀，侖福特及焦耳等人才證實熱其實是能量的一種形式，熱能可由力學中的功
　轉換，也能與其他形式能量互相轉換，如電能。藉由焦耳熱功當量實驗，熱能是
　最普遍的能量，也是最容易消耗的能量，且根據熱力學定律，熱能不能由低溫自
　發性流向高溫，例如呼吸作用產生的熱能，絕大多數都以體溫的形式釋放到空氣
　中消耗掉，所以只剩十分之一的能量進入下一食物鏈階層，這稱為林德曼定律。

圖片來源：Shutterstock

（　　）8. 下列何種現象不可能發生？（答對可得到 1 個👍哦！）

　　　①冰塊放在空氣中，吸收周圍的熱而融化

　　　②浴缸中的熱水因熱量散失，慢慢變成冷水

　　　③熱茶加入冷水後變溫

　　　④暖暖包吸收空氣中的熱而愈來愈燙

（　　）9. 物質和能量可由是否具有體積來區分，物質具有體積和質量，能量則沒有，

　　　下列何者屬於物質？（答對可得到 1 個👍哦！）

　　　①熱能　②電流　③空氣　④聲音

（　　）10. 呼吸作用是發生在細胞粒腺體內的化學變化，下列何者不是細胞進行呼吸

　　　作用的目的？（答對可得到 1 個👍哦！）

　　　①產生熱能維持生物體溫

　　　②產生二氧化碳增加溫室效應

　　　③將養分分解產生能量

## 延伸知識

1. **絕對零度**：要了解熱力學定律，必須先從溫度開始。溫度是用來表示物體冷熱程度的物理量，從微觀上來講，溫度來源可視為物體分子運動的劇烈程度，因此溫度愈高，分子運動愈劇烈，體積也跟著膨脹。根據此點克耳文提出，無論氣體種類，定壓下氣體的體積和溫度成正比，且這些關係直線最後都與 x 軸

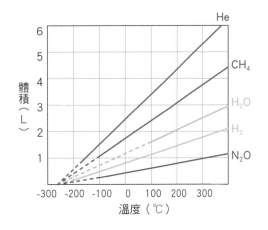

（溫度）交於同一點，即 -273.15℃（如圖），表示所有氣體在 -273.15℃時體積為 0；但因為氣體體積不可能為 0，因此推論世界上的最低溫極限是「絕對零度」，也就是 0K（克氏溫標）。溫度有下限也有上限，科學家推測，溫度的上限是宇宙大爆炸時的溫度，大約是 1032K。

2. **讓物體升溫**：讓物體增加溫度的方法有以下幾種。

　　①透過化學變化放出能量，也就是釋出潛藏在物質內的化學能。

　　②讓物體接觸高溫物質，使物體藉由達到熱平衡的方式升溫。

　　③敲擊物體，迫使物體的粒子振動得更激烈，由於粒子平均動能增加，可達到升溫效果。

### 延伸思考

1. 除了溫標，還有很多物理現象或物理定律，甚至許多機電設備都跟湯姆森有關，查查看有哪些現象或設備是以克耳文命名？它們各有什麼用途？

2. 熱力學四大定律的內容有哪些？請上網查查看相關資料。

3. 科學不斷在進步，舊有理論也不斷更新，所有科學家提出的理論，都可能有被推翻的一天，就算是牛頓或愛因斯坦等重量級的科學家也一樣。湯姆森對科學的論點至今被發現不少錯誤，查查看哪些理論不符合現在科學的認知？

舉得起地球的巨人
# 阿基米德

古希臘科學家阿基米德建立的浮力原理、槓桿原理、數學逼近法，
都為後世奠定重要的科學基礎。他的幾句名言，
更是留下了流傳千古、令人津津樂道的故事。

撰文／郭雅欣

如果有時光機，你會想回到過去拜訪哪位古人呢？推薦你一位古希臘科學家——阿基米德（Archimedes），雖然畫像裡的他總是留著像耶誕老人一般厚厚的鬍子，好像不是很帥氣，又一臉嚴肅感覺很不親切，不過他可是位厲害又認真的數學家、物理學家兼工程學家喔！而且如果真的能見他一面，說不定還可以不小心看見他經典的裸奔鏡頭！

　　阿基米德之所以能成為傑出的科學家，除了他從小就喜歡數理外，父母也提供他很好的學習環境。阿基米德出生在古希臘西西里島上一個稱為「敘拉古」的國家。當時最重要的經濟、文化中心是位於埃及的亞歷山大城，優秀的學者都聚集在那裡，阿基米德的父母看見自己的小孩熱愛學習，在他10歲左右把他送到亞歷山大，當個小留學生。

　　在亞歷山大求學的阿基米德如魚得水，跟隨著知名數學大師歐幾里德的學生鑽研天文學、數學、力學等，一待就是30幾年，不但充實了自己的學識，還很擅長把學到的知識，轉化為日常生活上的應用，最著名的是他解決了當時農民最頭痛的灌溉問題。

　　當時的埃及人民依靠尼羅河的水來灌溉農田，汲水灌溉時必須一桶一桶從低處提水上來，既費力又沒效率。阿基米德看見農民的難處，想出了解決的方法——他設計一種管子，外表看起來像是普通的空心粗水管，但管內安裝了一個帶有螺旋狀葉片的軸（像繞著柱子的螺旋樓梯），只要把管子一端放入水中，一端架在岸上，利用螺旋軸上的把手轉動螺旋軸，葉片就可以把水帶到岸上。

## 阿基米德小檔案

● 西元前 287 年出生於古希臘西西里島敘拉古國。

● 10 歲左右前往亞歷山大城，跟隨歐幾里德的學生學習。

● 47 歲回到敘拉古，擔任國王的顧問並做研究，後來發現浮力原理。

● 西元前 234 年發明阿基米德式螺旋抽水機。

● 西元前 216 年敘拉古國發生戰爭，發明起重機與投石機。

● 西元前 212 年逝世，享年大約 75 歲。

圖源：Wikimedia Commons、Shutterstock

* Eureka（尤里卡）是希臘語「我找到了」的意思。

經典的發明總是會冠上發明人的名字，所以這款好用又方便的工具，稱做「阿基米德式螺旋抽水機」。兩千多年前的智慧傳承至今，直到現在，埃及還看得見這種抽水機。

## 尤里卡！

阿基米德跟敘拉古的國王希耶隆交情很好，學成歸國後他便擔任國王的顧問。這時的他雖然已經 47 歲，仍舊廢寢忘食的沉迷於科學，吃飯時火盆旁的灰燼、洗澡時澡堂旁的爐灰，都是他的「計算紙」或「畫布」，他常常在上面畫著圓、三角形等幾何圖形，然後陷入沉思，忘了吃飯也忘了洗澡。當時的希臘人會用油擦拭身體，他甚至會用油在身上畫圖，把自己的身體也當成了計算紙。

有一天，難題找上門來了。希耶隆約了阿基米德，讓他看看一具新打造的黃金皇冠。雖然皇冠外觀精緻美麗，但希耶隆懷疑打造的工匠用料不純，裡面摻雜了銀，而不是純金的。可是偏偏外觀怎麼看也看不出來，於是請阿基米德想辦法，能不能在不破壞皇冠的情況下，得知皇冠是否為純金呢？

阿基米德回去之後苦思了好幾天，都想不出方法。直到有一天，他踏入裝滿水的浴缸裡準備洗澡，這個再平常不過的動作，卻突然讓他發現了看似普通卻對未來物理學發展至關重要的兩件事。第一，當他把身體浸入浴缸時，水從缸邊溢了出來──溢出來的水量等於他浸入水中的身體體積；第二，當他把身體浸入浴缸愈深，愈覺得自己變輕盈了。

這重要的發現可是解開皇冠難題的關鍵啊！

▲阿基米德為農民設計的「阿基米德式螺旋抽水機」。

於是阿基米德跳出浴缸，開心大喊：「尤里卡！尤里卡！」（希臘語「我找到了！」的意思），然後一路裸著身子衝出浴室。阿基米德利用這發現破解了皇冠難題，他找來與皇冠重量相同的純金與純銀各一塊，然後把皇冠、純金、純銀分別浸入水中，發現溢出水量最多的是銀，其次是皇冠，最後是純金。如果皇冠是純金的，溢出的水量應該和同重的純金一樣才對，因此可推測那頂皇冠的確摻雜了部分的銀。後來這項發現被阿基米德發展為浮力原理，一如之前所言，經典的發現總是會冠上發現者的名，所以浮力原理也叫「阿基米德原理」，而「尤里卡！」就成了阿基米德的經典名言（還順便留下了流傳千古的經典裸奔故事⋯⋯）。

## 給我一個支點，我就能舉起地球

阿基米德的另一句名言，則是「給我一個支點，我就能舉起地球。」這句充滿傲氣的話，其實代表著他對自己創立的槓桿原理的自信。雖然當時的生活與工程已經處處應用槓桿，阿基米德卻是第一個把槓桿及物體重心等相關原

▲這幅 1824 年的版畫描繪阿基米的的名言：「給我一個支點，我就能舉起地球。」

理完整且透澈的界定出來的人。

有一次，敘拉古國王希耶隆造了一艘大船，卻因為太重了，怎麼推都推不下海，希耶隆就想起了阿基米德那句自豪的話語，並對他說：「既然連地球都舉得起來，區區一艘船應該難不倒你吧？」阿基米德接下這份任務，依據槓桿原理設計了一套滑輪系統，一切準備就緒後，國王輕輕拉動阿基米德交給他的繩子，見證奇蹟的一刻來了──船果然緩緩下水，阿基米德又一次搞定了國王出的難題。後來，槓桿原理甚至被阿基米德運用到軍事上。在第二次布匿特戰爭中，敘拉古大戰來勢洶洶的羅馬大軍，阿基米德化身英雄人物，利用槓桿原理設計了許多軍事武器，起重機可以抓起海上的羅馬戰艦，投石器可以將巨石拋出，襲擊羅馬士兵，使得羅馬久攻不下，當時帶領羅馬軍隊的大將軍馬塞拉斯曾形容這場戰爭「像是羅馬艦隊與阿基米德一個人的戰爭。」

儘管阿基米德的物理研究在生活上應用得相當廣泛，他內心的最愛、花費最多時間鑽研的卻是數學。他用不斷增加邊數的多邊形面積，逼近得出圓面積，也把圓周率 π 的範圍縮得很小，奠定了後來「微積分」的基礎，還算出球面積、球體積、拋物線面積等，其中圓柱體的體積與內切球體積的比為 3：2 這項成果，刻在阿基米德的墓碑上。

談起阿基米德的過世，也是一段令人不勝唏噓的故事。第二次布匿特戰爭在阿基米德這「百手巨人」的努力下，羅馬久攻不下，只好採取圍城的方式，斷絕外界對敘拉古的糧食供給，最後終於攻破。

這一天，一位羅馬士兵在敘拉古城內看見阿基米德對著地上的圖畫沉思，但他並不認識阿基米德。當羅馬士兵走近時，阿基米德怒斥了一句：「走開！別踩壞我的畫！」這話觸怒了有眼不識泰山的羅馬士兵，一劍將阿基米德刺死。「別踩壞我的畫！」於是成為阿基米德留下的最後一句名言。 ⑳

郭雅欣　交通大學電子物理所碩士，從事科普出版十餘年，現為自由工作者，以科普類採訪寫作、編輯及翻譯等工作為主。

圖源：Wikimedia Commons

# 舉得起地球的巨人——阿基米德

國中理化教師　何莉芳

## 主題導覽

古希臘科學家阿基米德最有名的傳說是洗澡實驗，他的幾句名言也讓世人津津樂道。阿基米德在科學與工程研究上有不少貢獻，比方說發明螺旋抽水機，建立浮力原理、槓桿原理、數學逼近法等，都為後世奠定重要的科學基礎。這些科學事蹟是否令你對這位人物感到好奇呢？

〈舉得起地球的巨人——阿基米德〉帶我們進入阿基米德的故事。閱讀完文章後，可以利用「挑戰閱讀王」了解自己對這篇文章的理解程度；「延伸知識」中補充浮力原理與密度的介紹。最後透過延伸思考與實作，製作投石器來探究科學，並想辦法破解「銅鏡燒船」的傳說。

---

### 關鍵字短文

〈舉得起地球的巨人——阿基米德〉文章中提到許多重要的字詞，試著列出幾個你認為最重要的關鍵字，並以一小段文字，將這些關鍵字全部串連起來。例如：

關鍵字：1. 螺旋抽水機　2. 浮力原理　3. 槓桿原理　4. 投石器　5. 逼近法

短文：阿基米德是著名的古希臘科學家，曾設計出螺旋抽水機，協助農民解決灌溉問題。他也解決了皇冠真偽難題，進而發展出浮力原理。在軍事與工程上，阿基米德則運用槓桿原理設計了武器，例如起重機可以抬起海上的羅馬戰艦，以及可以拋出巨石的投石器。他也鑽研數學，建立逼近法，奠定了「微積分」的基礎。

關鍵字：1.＿＿＿＿＿　2.＿＿＿＿＿　3.＿＿＿＿＿　4.＿＿＿＿＿　5.＿＿＿＿＿

短文：＿＿＿＿＿＿＿＿＿＿＿＿＿＿＿＿＿＿＿＿＿＿＿＿＿＿＿＿＿＿＿

＿＿＿＿＿＿＿＿＿＿＿＿＿＿＿＿＿＿＿＿＿＿＿＿＿＿＿＿＿＿＿＿＿＿

＿＿＿＿＿＿＿＿＿＿＿＿＿＿＿＿＿＿＿＿＿＿＿＿＿＿＿＿＿＿＿＿＿＿

＿＿＿＿＿＿＿＿＿＿＿＿＿＿＿＿＿＿＿＿＿＿＿＿＿＿＿＿＿＿＿＿＿＿

**挑戰閱讀王**

看完〈舉得起地球的巨人——阿基米德〉後，請你一起來挑戰以下題組。

答對就能得到👍，奪得 10 個以上，閱讀王就是你！加油！

☆根據文章的描述，回答下列關於阿基米德生平的問題。

（　）1. 小傑參觀科學名人堂，看到一位著名古希臘科學家被稱為「舉得起地球的巨人」。請問這位科學家最可能是誰？（答對可得到 1 個👍哦！）
①牛頓　②阿基米德　③伽利略　④愛因斯坦

（　）2. 承上題，為什麼他會有這樣稱號？（答對可得到 1 個👍哦！）
①他本人身材高大　②紀念他舉起地球的事蹟
③他奠定了不少科學基礎　④他成功打敗羅馬艦隊，成為敘拉古英雄

（　）3. 下列哪項專長不會出現在這位科學家的介紹中？（答對可得到 1 個👍哦！）
①數學　②工程學　③物理學　④化學

（　）4. 小傑習慣記下名人名句，下列哪一句名言與阿基米德無關？
（答對可得到 1 個👍哦！）
①尤里卡！尤里卡！　②給我一個支點，我就能舉起地球
③別踩壞我的畫！　④如果說我看得遠，那是因為我站在巨人的肩膀上

（　）5. 為什麼帶領羅馬軍隊的大將軍，會形容第二次布匿特戰爭「就像是羅馬艦隊與阿基米德一個人的戰爭」？（答對可得到 1 個👍哦！）
①敘拉古已無可用之兵，阿基米德只好一人作戰
②阿基米德得罪了羅馬艦隊，因而衍生此次戰爭
③在戰爭中，阿基米德設計的軍事武器發揮強大效用
④阿基米德是百手巨人，氣場強大、一人當百人用

（　）6. 科學家的墓碑通常會搭配他最偉大的貢獻，請問阿基米德的墓碑上刻的是什麼圖案或文字？（答對可得到 1 個👍哦！）
①圓柱與內接球體　②皇冠與尤里卡！
③槓桿與地球　④螺旋抽水機

☆希耶隆打造了一頂新皇冠,但他懷疑工匠用料不純,於是請阿基米德想辦法。

(　　)7. 在阿基米德解決真偽皇冠問題的方法中,哪些知識或條件是實驗前必須知道的?(多選題,答對可得到 2 個👍哦!)

①金與銀是純的　②知道工匠造假加入其他金屬

③三種物品都會沉入水裡　④排水愈多代表體積愈大

⑤相同材質的物體,在相同重量下具有相同體積

(　　)8. 下列哪個敘述不符合阿基米德證明皇冠造假的結果?

(答對可得到 1 個👍哦!)

①水會溢出,是因為物體占有的體積將水排開

②物體浸入水中,溢出的體積就是物體的體積

③如果皇冠是純金,體積應該與同重的金相同

④相同質量下,溢出水的體積:純金>皇冠>銀

☆阿基米德利用槓桿原理設計了許多軍事武器,起重機可以抬起海上的羅馬戰艦,投石器可以將巨石拋出襲擊羅馬士兵。試回答下列相關問題。

(　　)9. 阿基米德有許多發明,有些雖然不是他直接發明,但後代的改良也帶動未來的發展。其中不包括下列哪一項?(答對可得到 1 個👍哦!)

①望遠鏡　②起重機　③投石器　④抽水機

(　　)10. 槓桿原理是指:施力 × 施力臂＝抗力 × 抗力臂的數學關係。阿基米德說:「給我一個支點,我就能舉起地球。」要怎麼安排支點位置,才能輕鬆舉起重物?(答對可得到 1 個👍哦!)

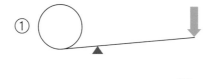

（　）11.阿基米德在數學上有不少貢獻，他曾利用多邊形與圓相接（包含內接與外接），逼近得出圓面積，也把圓周率 π 的範圍縮小。下列哪一個圖形代表圓與內接正方形的關係？（答對可得到 1 個👍哦！）

① 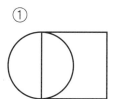　② 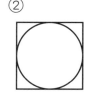　③ 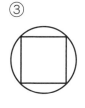　④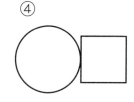

（　）12.根據上題，若要計算圓面積，阿基米德會採用下面哪一種多邊形與圓的組合圖形？（答對可得到 1 個👍哦！）

① 　② 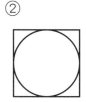　③ 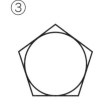　④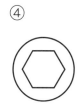

## 延伸知識

1. **排水法**：阿基米德利用排水量來測試皇冠真偽的方法，也是物理學上測量物體體積的方法。把要測量體積的物體，放進盛水容器中，水因物體占據空間而增加的體積，便是物體的體積。此方法適合不會與水溶解或反應的物體，如果物體會與水反應或溶解，則須改以其他液體進行實驗。

2. **密度**：指一物質單位體積下的質量，用數學式表示：密度＝質量 ÷ 體積。金的密度相當高，約為 $19.3g/cm^3$，銀的密度則為 $10.5g/cm^3$。相同質量的金與銀，金的體積小於銀。在阿基米德真假皇冠實驗中，一旦測出皇冠的體積比同重量的純金還大，就代表工匠有加入密度小於金的其他金屬。

3. **浮力定理**：物體在水中時，水給予物體一個向上的作用力，使物體在水中的重量減輕，這個作用力稱為浮力。浮力會因物體在液面下的體積與液體密度而改變。舉例來說，同一金屬塊在水與鹽水中排出的體積雖然相同，但是鹽水密度較大、排開的重量也較大，因此金屬塊在鹽水中減輕的重量會比在淡水中多，所受的浮力也較大。

**延伸思考**

1.善用圖書館、網路查找投石器的製作方法，利用竹筷、橡皮筋與湯匙，自製簡易投石器，並探討在什麼樣的條件下才會投得又準又遠？可參考下列幾個變因：重量、速度與角度，以及改變投石器橡皮筋與支點的相對位置。

2.阿基米德還有個有名的「銅鏡燒船」傳說，是在羅馬艦隊來臨時，召集了拿銅鏡的村民，利用陽光經銅鏡反射將陽光聚集在船上，引發船上大火燒燬。不少科學團隊透過實驗模擬這個傳說的真實性，上網查找一下他們的實驗內容與結果，究竟「銅鏡燒船」的方法能否在現代重現？

3.阿基米德不只在物理上有很多研究與應用，他也奠定了後來「微積分」的基礎，並透過逼近的方法算出圓周率 π 的範圍。上網查查看什麼是微積分？還有哪些關於圓面積、球面積與圓周率 π 的小故事？

# 分子的體重計 質譜儀

小到根本看不見的分子要怎麼測量重量呢？
質譜儀不但能精準測量，還能分辨分子組成，
來瞧瞧到底是怎麼辦到的！

撰文／高憲章

如果把化學分子擬人化來看，它們也可說是一樣米養百樣人，大小、外型和特性有著多樣的差異，但我們要如何得知它們的重量？一起來認識有「分子的體重計」之稱的質譜儀！

質譜儀與電荷的特性息息相關，在電荷周圍有一種特殊力場，這個力場永遠隨著電荷存在，不會消失，而且會對其他電荷產生作用力。這種由電荷產生的力場，我們稱為電場，同性的電場互相排擠，而異性的電場互相吸引。另外有一種力場和電場非常像，是由具有磁力的物質所構成，磁場和電場有許多相像的特性，而且因為電生磁、磁生電這層特殊關係，使得磁場與電場之間的現象，長期受到許多科學家的關注，也因此電磁效應幾乎應用在生活裡每種電子產品中。

## 意外的發明

1913 年英國物理學家湯姆森（Joseph John Thomson）分析放電管中陽極所放出來的正離子流（也稱為陽極射線）成分時，讓氖離子飛過同時具有電場和磁場的區域，然後追蹤結果。他發現明明使用了純氖，氖離子在經過電場和磁場的交互作用過後，卻形成了兩條拋物線的軌跡。這真是太奇怪了，為什麼同一個元素會產生兩種不同的結果呢？

去除各種可能變因，這兩條不同的飛行軌跡，應該是氖離子的重量不同所造成的。由於做實驗時，並沒有改變電場與磁場，所以這些力場是用一樣的力量去拉扯飛過的氖離子，但是離子的重量不一致時，被拉扯的結果就會不一樣，於是造成兩種不同的飛行軌跡。這就好像我們用一樣的力氣推一個大人和小孩，小孩可能飛得老遠，但是大人可能只晃動一下而已。

由此湯姆森推論出，氖氣是由兩種不同質量的原子所構成，也就是說，氖具有同位素，分別是 $^{20}Ne$ 與 $^{22}Ne$，因此會有兩種飛行軌跡。湯姆森利用這個特性，設計出質譜儀。這個儀器最大的特色，是利用適當位置的電場和磁場，讓通過的帶電離子可以依照質量的不同，改變它們飛行的路線，因此可一個個區分出來，再經過比較之後，我們就能知道每個離子的重量！

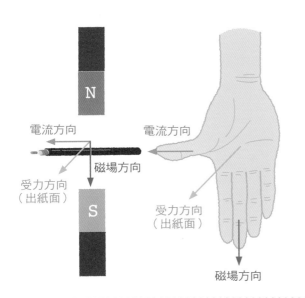

▲「電生磁，磁生電」是電磁效應的最佳註解，它們之間的關係可以用右手來說明：當大拇指指向電流方向，四指朝向磁場的方向時，產生的力正好是掌心向外的方向。

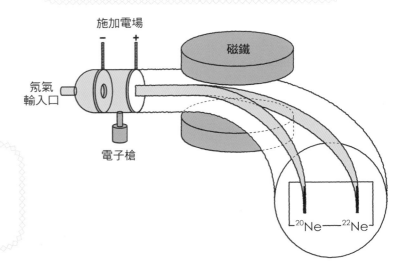

▼湯姆森讓氖離子飛過一個同時具有電場和磁場的區域，發現氖離子在經過電磁的交互作用過後，產生兩條拋物線的軌跡。後來科學界才知道，原來同種元素的原子會有不同的質量，這個實驗也為質譜儀的設計奠定重要基礎。

## 讓分子帶電

質譜儀要運作，有一個很重要的先決條件：被丟進質譜儀量體重的分子，必須是帶著電荷的離子，這樣電場和磁場才能使力在這些離子上。讓分子帶電的過程稱為「游離化」。最基本的游離化方法，是把樣品氣化後用電子束轟擊，讓預備測量重量的分子帶電，或是用反應性高的氣體碰在一塊兒讓它帶電。不過不是所有樣品都能游離化，有些樣品分子量太大、很難氣化（如蛋白質），有些樣品則是結構太脆弱，會被轟成碎片。化學家經過許多年的努力改良，現在開發出各式各樣的方法來進行游離化。

其中一種很特別的技術，是先把想要測量的分子溶解到溶劑中，然後把這個溶液注射到很細的毛細管，通過毛細管從一個又小又尖的噴嘴噴灑出來，形成許多非常小的液珠，這時用高壓電通過噴嘴，就能讓這些液珠充滿電荷。當一個小小的液珠上有很多電荷時，因為它們互相排斥，會把液珠撐爆，使得這些液珠體積變得更小，連續經過幾次的炸裂之後，只剩下幾個超級微小的液珠，帶著分子和一點點電荷，達到讓分子帶電的目的；這種透過溶液噴灑加電壓的方式，叫做「電灑法」。

有的時候，會碰到特殊狀況，像是想要測量的分子很大，而且很難溶解於溶液，這時可使用另外一招：拿一個質量已知、而且很容易帶電的介質去黏著這個分子，然後得到一個很大且帶著電荷的離子，最後只要扣掉已知物的質量，就可以得到這個待測分子的質量。有點像貨櫃車過磅，先知道空車多重，再把載著貨櫃過磅的重量扣掉空車的重量，就可以知道貨櫃有多重，不需要麻煩的

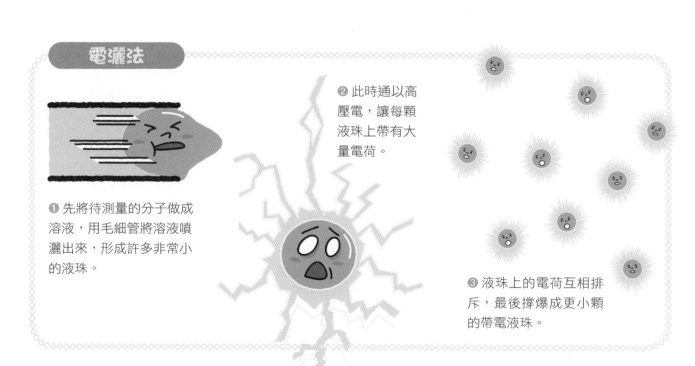

**電灑法**

❶ 先將待測量的分子做成溶液，用毛細管將溶液噴灑出來，形成許多非常小的液珠。

❷ 此時通以高壓電，讓每顆液珠上帶有大量電荷。

❸ 液珠上的電荷互相排斥，最後撐爆成更小顆的帶電液珠。

繪圖┅Uncle Alvin

44

把貨櫃拿下來測量；這個游離化的技術非常好用，有個超長的名字，叫做「基質輔助雷射脫附游離法」。

這兩種強大的游離法，是目前質譜儀領域中最重要的游離技術，連蛋白質這樣的大分子，都可以讓它們帶著電荷乖乖飛進質譜儀量測喔！

## 控制離子的飛行

得到帶著電荷的分子（離子）之後，接下來要讓這些離子飛往特定的方向，大部分的質譜儀都以氮氣做為傳送的氣體，因為好不容易才製造出的離子，要是在飛行的過程中撞到空氣中的灰塵或微粒而遭到破壞，就前功盡棄了，所以我們需要一個乾淨又不容易發生反應的氣體，帶著這些離子飛行。

然而氣體噴灑很容易噴往四面八方，距離

### 什麼是分子、離子？

用氧氣來說明，氧氣分子由兩個氧原子所組成，寫做 $O_2$，是一個電中性的分子，如果我們硬把一個電子塞給氧氣，它會變成多帶了一個負電荷的陰離子，寫做 $O_2^-$。能夠硬塞電子，當然也可以硬搶掉一個電子，這時候就變成少一個負電荷的陽離子，寫做 $O_2^+$。在質譜儀中，只能測到陰離子或陽離子，電中性的分子是沒有辦法測量的！

一遠，方向會失去控制，因此還需要額外的輔助來控制流向。一個方法是用電場吸引這些離子，另一個方法是利用真空度，由於氣體會自然從高壓往低壓的地方流動，只要將儀器設計成每個部分有不同真空度，這些離子會乖乖飛進質譜儀中，朝我們所要的方向前進。

### 基質輔助雷射脫附游離法

讓難以溶解的分子或是很大的分子帶電的方法。用一個容易帶電的介質去黏住待測分子，形成一個很大且帶著電荷的離子，再進行測量。最後只要扣掉這個已知物的質量，就可以得知待測分子的質量。

## 不只幫離子量體重！

接下來要開始幫這些離子量體重了！我們已經知道，用電場與磁場的組合，可以或推或拉的控制離子飛行，基於這個原理，科學家設計了四個平行的柱狀電極，藉由電極間正負電不斷的交換，並依據離子質量和帶電量的不同、被拉扯的力量不同，迴旋的半徑跟著不同，便能藉著控制電場大小，選擇要讓多重或多輕的離子通過這個區域，每個離子的重量於是被四根柱子區分出來。

這四根電極所組成的部件，叫做四極質量分析器，能依據離子的輕、重、電荷多寡來進行分離與分析離子，可以說是質譜儀中最重要的心臟！

光靠分子游離器加上質量分析器，還不足以量出飛進質譜儀的離子所帶的分子量，還需要最後一塊拼圖：質譜儀內的光電倍增管。這個特殊的裝置會把離子撞上的訊號轉換成電流。在質量分析器施加不同的電場時，會有不同離子飛出來撞擊光電倍增管，比較後就能確切知道每一個離子的質量。

知道如何測量分子的質量，可以讓我們從中推敲出分子內元素的組成嗎？畢竟同樣的重量，可能有不同的元素組成。比方說，兩個氧（分子量 16）剛好跟一個硫（分子量 32）的重量差不多，如果只知道重量，還是無法得知這個分子到底是含有兩個氧還是一個硫。

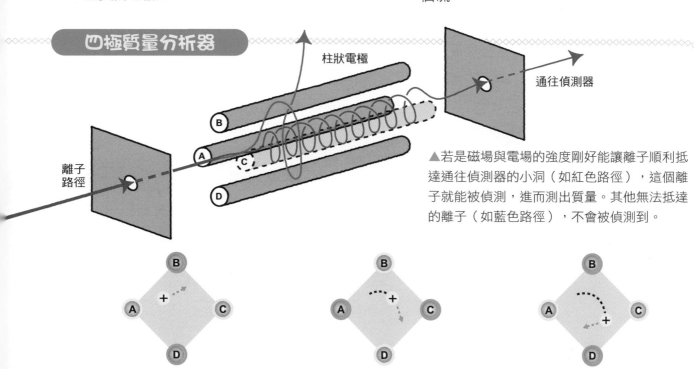

### 四極質量分析器

柱狀電極

通往偵測器

離子路徑

▲若是磁場與電場的強度剛好能讓離子順利抵達通往偵測器的小洞（如紅色路徑），這個離子就能被偵測，進而測出質量。其他無法抵達的離子（如藍色路徑），不會被偵測到。

**離子為何會轉彎？**

當正離子飛進分析器中，假設 A 與 C 帶正電，B 與 D 帶負電，正離子會往 B 的方向飛。

➡ 下一個瞬間，電極正負互換，A 與 C 換成帶負電，而 B 與 D 變成帶正電，正離子又轉往 C 的方向飛。

➡ 藉由正負電極不斷互換，正離子會在四根電極間不斷迴旋前進。

繪圖：Uncle Alvin

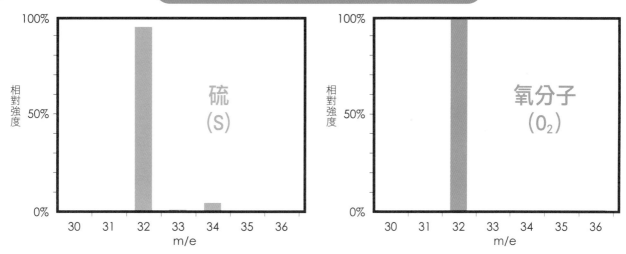

## 如何用質譜儀分辨元素組成？

▲上面兩張圖分別是硫和氧分子經質譜儀的分析結果，橫軸代表的是質量電荷比（m/e），其中 m 代表的是離子的質量數，e 是離子帶有的電荷數。縱軸則是偵測訊號彼此的相對強度。比較兩圖可以看出，分子量同樣是 32 時，氧分子的圖譜只會有一種訊號，硫會被偵測出三種訊號，因為硫有同位素 $^{32}S$、$^{33}S$ 和 $^{34}S$。

這也是質譜儀成為現代重要分析工具之一的原因，還記得當初湯姆森是如何設計出質譜儀的嗎？他發現了氖的同位素。在自然界中，元素的同位素比例是固定的，比方說銅的同位素有兩種，$^{63}Cu$ 與 $^{65}Cu$，而且它們的比例一定是 $^{63}Cu$：$^{65}Cu$ = 7：3，這種相對關係會在質譜儀的結果上顯現出來。顯示同位素比例的訊號稱為同位素峰。有了同位素峰，就不會弄錯分子的元素組成了，因為每一個分子由不同的原子所構成，這些原子同位素的比例就好像指紋一樣，可以明確的鑑定出來。

### 食品檢驗的好幫手

由於質譜儀技術不斷進步，圖譜的精確度非常高，藉由分析圖譜上每一個訊號的質量電荷比，可以得到非常多化合物的資訊，因此質譜儀的用途愈來愈廣泛。

質譜儀經過改良後，也能夠處理蛋白質或是高分子化合物這些原本難以測量的大分子。最近幾年備受注目的食安問題，實驗室相關人員只要使用質譜儀，再加上另一種高解析度層析儀，食物中的各種添加物就無所遁形了！如今，質譜儀不再只是分子的體重計，它還可以應用在日常生活中，成為非常重要的分析工具！ ㋵

作者簡介 --------------------------------------

高憲章　在淡江大學理學院科學教育中心擔任執行長，同時負責化學下鄉活動計畫，跟著行動化學車全臺跑透透，經由各種化學實驗與全臺各地的國中生分享化學的好玩與驚奇。因為個子很高，所以是名符其實的高博士。

# 分子的體重計——質譜儀

國中理化教師 何莉芳

## 主題導覽

小到根本看不見的分子要怎麼測量重量呢？質譜儀為什麼不但能精準測量，還能分辨出分子組成？這篇文章從科學家實驗發現兩條譜線開始，介紹質譜儀裡各元件的原理，讓我們了解原來必須先讓樣本變成帶電離子，再經由磁場與電場的交互作用，才能解析樣本的質量，進一步鑑定它的種類與組成。

〈分子的體重計——質譜儀〉帶我們進入湯姆森實驗的故事，了解質譜儀的運作原理。閱讀完文章後，可以利用「挑戰閱讀王」了解自己的理解程度；「延伸知識」中補充右手定則，解釋帶電粒子在磁場中的偏折原理。最後查找三聚氰胺毒奶粉的食安議題，並探討在科學發展過程中，意外帶來的新發現。

## 關鍵字短文

〈分子的體重計——質譜儀〉文章中提到許多重要的字詞，試著列出幾個你認為最重要的關鍵字，並以一小段文字，將這些關鍵字全部串連起來。例如：

**關鍵字：**1. 質譜儀　2. 游離化　3. 電場　4. 磁場　5. 同位素

**短文：**質譜儀如同分子的體重計，不但能精準測量，還能分辨分子組成。先決條件必須是帶著電荷的離子，而讓分子帶電的過程稱為「游離化」。利用適當位置的電場和磁場，使通過的帶電離子可以依照質量的不同，改變飛行路線而進一步區分開來。每一個分子由不同的原子構成，這些原子同位素的比例就好像指紋一樣，可以明確的被鑑定出來。

**關鍵字：**1.＿＿＿＿＿　2.＿＿＿＿＿　3.＿＿＿＿＿　4.＿＿＿＿＿　5.＿＿＿＿＿

**短文：**＿＿＿＿＿＿＿＿＿＿＿＿＿＿＿＿＿＿＿＿＿＿＿＿＿＿＿＿＿＿＿＿＿＿＿＿＿＿

＿＿＿＿＿＿＿＿＿＿＿＿＿＿＿＿＿＿＿＿＿＿＿＿＿＿＿＿＿＿＿＿＿＿＿＿＿＿＿＿＿

＿＿＿＿＿＿＿＿＿＿＿＿＿＿＿＿＿＿＿＿＿＿＿＿＿＿＿＿＿＿＿＿＿＿＿＿＿＿＿＿＿

**挑戰閱讀王**

看完〈分子的體重計——質譜儀〉後，請你一起來挑戰以下題組。

答對就能得到👍，奪得 10 個以上，閱讀王就是你！加油！

☆根據文章描述，回答下列關於磁與電的問題。

（　）1.下列哪一個關於磁與電的敘述有誤？（答對可得到 1 個👍哦！）

　　　　①電荷產生的力場隨著電荷存在

　　　　②同性電場互相排斥，異性電場互相吸引

　　　　③具有磁性的物質所產生的力場稱為磁場

　　　　④帶電粒子在磁場中不會受到任何影響

（　）2.質譜儀的發明與下列哪種東西的發現有關？（答對可得到 1 個👍哦！）

　　　　①原子　②同位素　③磁鐵　④中子

（　）3.湯姆森讓氖飛過一個同時具

　　　　有電場和磁場實驗裝置（右

　　　　圖），得到兩條拋物線的軌跡

　　　　（丙與丁）。下列關於實驗裝

　　　　置的敘述何者錯誤？（答對可

　　　　得到 1 個👍哦！）

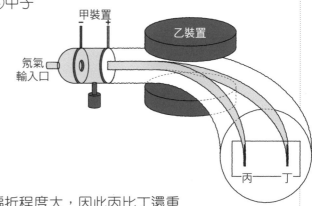

　　　　①甲是電場，乙是磁場　②丙偏折程度大，因此丙比丁還重

　　　　③氖必須是帶電離子才會偏折　④磁場會影響帶電粒子的行進

（　）4.承上題，關於產生兩條拋物線軌跡（丙與丁）的結果，如何解釋這個現象

　　　　最合理？（答對可得到 1 個👍哦！）

　　　　①電場磁場突然發生改變　②使用的氖氣不純

　　　　③氖離子的重量不同　④受到外界的風干擾

（　）5.質譜儀區分物質的方式，主要是依據什麼？（答對可得到 1 個👍哦！）

　　　　①粒子帶的電性不同　②粒子帶的磁性不同

　　　　③粒子的體積大小不同　④帶電粒子的質量不同

☆根據文章描述,回答下列關於使用質譜儀測量的問題。

(　　)6.下列哪一個是讓質譜儀運作的先決條件?(答對可得到 1 個👍哦!)

①必須是大分子　②必須是帶著電荷的離子

③必須是氖這種惰性氣體　④必須先將樣品分解成原子

(　　)7.讓分子帶電的過程稱為什麼?(答對可得到 1 個👍哦!)

①游離化　②氣化　③電化　④磁化

(　　)8.下列哪一個不是讓樣品帶電的處理方法?(答對可得到 1 個👍哦!)

①把樣品氣化後用電子束轟擊

②把樣品與反應性高的氣體碰在一塊兒而帶電

③透過溶液噴灑加電壓,使樣品形成微小帶電液珠

④將樣品溶解後,在溶液中置入電極通以直流電源

(　　)9.要檢測蛋白質分子,通常會採取「基質輔助雷射脫附游離法」,關於這種
方法的敘述哪一項不正確?(答對可得到 1 個👍哦!)

①這是讓容易溶解的分子或是很大的分子帶電的方法

②透過質量已知而且很容易帶電的介質去黏著這個分子

③最後會形成一個很大且帶著電荷的離子

④扣掉這個已知物的質量,可以得知待測分子的質量

(　　)10.質譜儀的傳送載體通常會選用什麼?(答對可得到 1 個👍哦!)

①氮氣,不容易發生反應　②氫氣,密度最輕

③空氣,容易取得　④二氧化碳,具有不助燃特性

☆根據文章的描述,回答下列關於質譜儀部件的問題。

(　　)11. 哪一個不是質譜儀控制離子飛行方向的方法?(答對可得到 1 個👍哦!)

①用電場吸引離子進入

②用電場與磁場的組合,以推或拉的方式控制離子飛行

③利用真空度,使氣體從高壓往低壓的地方流動

④儀器採取傾斜設計,利用重力使粒子由高處往低處運動

（　　）12. 質譜儀具有這些核心裝置，甲：光電倍增管，乙：分子游離器，丙：質量
分析器，這三種裝置的順序應為下列何者？（答對可得到 1 個👍哦！）
①甲→乙→丙　②乙→甲→丙　③乙→丙→甲　④任何順序都可以

（　　）13. 為什麼質譜儀除了重量也能分辨元素組成？（答對可得到 1 個👍哦！）
①每種物質的重量不同，知道重量就知道是什麼元素
②每種物質的訊號數目不同，可以從訊號數目判定
③質譜儀不僅可測重量，也能知道元素中質子的數目
④不同元素訊號數目與相對強度不同，如同指紋

## 延伸知識

1.**右手定則**：用來解釋電流、磁場，與帶電粒子或導線受力方向三者之間的關係。
如下圖所示，將右手掌張開，四指指向磁場方向，大拇指張開與四指垂直，指向
導線上電流方向，則掌心推出的方向即為導線的受力方向，三者間兩兩相互垂直。
以文章中的實驗裝置為例，當帶正電的氖離子運動方向向右（電流方向向右），
受到向上的磁場影響，氖離子受到向外（即出紙面方向）的作用力，因此氖離子
產生如圖的向外偏折軌跡。

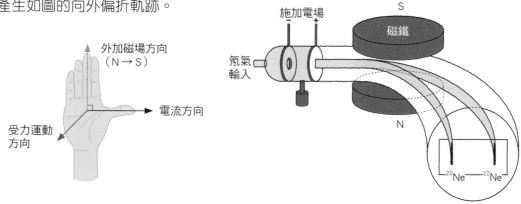

2.**同位素**：同一種元素具有相同質子數目、不同中子數目的原子時，這些原子因為
在化學元素週期表中占有相同位置，互為同位素。同位素的化學性質相同，物理
性質不同。例如氫元素中的氕（氫 -1）、氘（氫 -2）和氚（氫 -3），它們的原子
核中都有一個質子，但分別有零個、一個及兩個中子，所以三者互為同位素。不
同元素的同位素質量與比例不同，因此具有不同數目與相對強度的質量分布訊號，
形成像指紋一樣的譜線。

**延伸思考**

1. 許多傳統方法偵測不到的濃度，使用質譜儀就能檢測出來。以食安問題來說，最著名的例子是數年前的毒奶粉（三聚氰胺）事件。查查看這個事件的來龍去脈。

2. 質譜儀的分析已經應用在哪些方面呢？請善用圖書館、網路查閱相關資料。

3. 由於氖離子出現兩條軌跡，使得科學家意外發現了同位素的存在。在科學發展過程中，還有哪些意外的發現？身為科學家，在新發現與實驗錯誤之間，如何堅定自己的研究，找出更多佐證的支持呢？

4. 湯姆森也是電子的發現者，在研究原子內部結構的發展過程，他與實驗室夥伴還有哪些發現？查找網路資料，一同走入科學家發現原子世界的故事。

# 生活一碘靈

跌倒時消毒外傷、
警察辦案時採集指紋，
或是輻射外洩後要吃的救命藥丸，
都跟「碘」有關！

撰文／高憲章

▲ 碘是非金屬，一般以有光澤的紫黑色固態存在（下），加熱到114℃時會融化成深紫黑色液體。常見的碘酒是碘和碘化鉀的酒精溶液。

**53　　I**

**碘**

**126.904**

**小**時候學騎腳踏車搖搖晃晃的，不小心摔傷了，處理傷口時總會用一種紅紅的藥水，滴在傷口上有一點刺刺的感覺，接著把這個藥水稍微洗掉之後才會放上紗布；使用時還必須很小心，不要把藥水灑到衣服上，不然淺色衣服馬上染色。這個家家必備的消毒藥水，主要成分就是「碘」。

## 碘的發現

碘是由法國的科學家庫爾圖瓦（Bernard Courtois）所發現的，他的家族經營硝石工廠，工廠隔街是法國有名的第戎科學院，所以他除了在工廠工作，還有機會在科學院學習。基於對化學的喜好，他先後擔任藥劑師和化學家的助手，最後回到父親的工廠繼續經營。

在法國、愛爾蘭或蘇格蘭的海岸邊，當春天風浪大時，會有許多海草受到海浪拍擊而沖到淺灘上，退潮以後，常有人採集這些植物，緩緩燒成灰並泡在水裡，過濾後可以得到含有各種鹽類的海草灰溶液，當地人常用來做為鉀的來源。庫爾圖瓦想從海草灰溶液中提煉出硝石，在一次實驗中，他發現燒煮海草灰溶液的銅鍋腐蝕得很厲害，可是一般的氯化鈉、氯化鈣等鹽類並不會腐蝕銅鍋，於是他想試著分析海草灰水溶液的成分。

他將海草灰溶液煮乾，讓水分蒸發，留下結晶，接著為了去除結晶的硫化物，他在結晶中加入硫酸，結果竟然冒出紫色的煙，而且在收集這些煙的過程中，他還發現這些紫色的煙不會凝結，反而直接變成有金屬光澤的紫黑色結晶！礙於沒有足夠的實驗設備可以證明這個結

晶是什麼，他只好將實驗資料交給別的化學家繼續處理，後來證實了這個冒出紫色煙霧的東西是新發現的元素，並以希臘文的紫色來命名，稱為碘（Iodine）。

### 外傷消毒小尖兵

　　碘是生活中最常接觸到的鹵素元素之一，家裡、學校的醫護箱都會放一瓶優碘或是碘酒，裡面就含有碘。碘酒是碘和碘化鉀的酒精溶液，由於碘不太溶解在水中，所以用酒精當做溶劑，既可以幫助碘溶解，還可以殺菌。碘酒或優碘的濃度都在 2% 以下，這些游離的碘可以和蛋白質中的氨基結合，讓蛋白質變性，因此能夠殺死病原體，常用在緊急傷口消毒處理或是治療皮膚病。不過，大面積的傷口不能使用含碘的消毒藥品，以免人體吸收大量的碘而中毒，碘酒也不適用於已經潰爛的皮膚。另外，碘對於病菌的蛋白質以及傷口皮膚的蛋白質會一視同仁的殺死，所以當傷口乾淨時，用生理食鹽水沖洗比較好，如果用優碘消毒，記得要再用生理食鹽水把沾在傷口上的優碘沖乾淨！

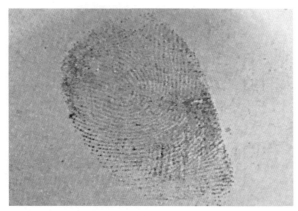

▲使用煙燻法採集到的指紋。

▲將碘片放在試管中。

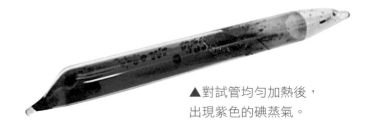

▲對試管均勻加熱後，出現紫色的碘蒸氣。

### 指紋採集小幫手

　　化學課堂上，碘也是用來介紹昇華現象時常用的例子，昇華是指一種物質從固態不經過液態，直接變成氣態的過程。首先把極少量的碘片裝在試管中，將管口密閉，對管子均勻加熱，很快就能看到紫色的碘蒸氣出現（如上圖），當整根試管都充滿碘蒸氣的時候，把試管的一端放在冷水中，黑紫色的碘晶體會慢慢的在試管較冷的一端出現；再把這根試管放到熱水中，能看到固體再度消失，並出現紫色的氣體。

　　碘蒸氣除了顏色很漂亮，還是警察的好幫手。指紋採集中有一個方法叫做煙燻法，是使用碘蒸氣煙燻可能沾有指紋的物體，因為指紋上的油脂會吸附碘，而且指紋上的不飽和脂肪酸會和碘發生鹵化反應，生成二碘硬脂酸，在物體上顯現出來，警察便能夠採集到指紋！

## 大象牙膏

有個好玩的實驗，只要將雙氧水倒入錐形瓶，接著倒入碘化鉀溶液，此時瞬間產生的氣泡會像擠牙膏一樣噴出長長的一條，這個有趣的實驗是「大象牙膏」。雙氧水（$H_2O_2$）加入碘化鉀（KI）後，碘離子很快的從雙氧水拉一個氧過來，形成次碘酸根（$IO^-$），次碘酸根接著找另外一個雙氧水麻煩，雙氧水被搶走一個氧而變成水，而次碘酸根則是搶了一個氧之後，分解成碘離子和氧氣。這個碘離子為重複和雙氧水產生同樣的反應，於是很快的，雙氧水不斷被碘離子分解成水和氧氣，錐形瓶裝不下大量的氧氣，於是噴出來，就像是給大象用的巨大牙膏！

使用煙燻法還有另一個好處，只要在採集後繼續保持溫度，讓碘昇華後物品會回復原狀，這個技巧常用在信件、書籍等需要好好保存的物品上。不過這也表示煙燻出指紋之後要趕快拍照存檔，免得指紋又消失不見。

### 身體裡的碘

碘是人體的必需品，大部分人體內的碘都集中在甲狀腺，用來合成甲狀腺激素。甲狀腺激素是一種重要的荷爾蒙，可以促進新陳代謝、刺激心跳、促使組織生長成熟，所以在成長的過程中，甲狀腺激素和生長激素要一起發揮功用，人才能發育良好。當碘缺乏時，甲狀腺激素的分泌可能會過少，容易疲勞、怕冷、掉髮、記憶力衰退；而碘攝取太多時，甲狀腺激素的分泌可能過多，容易發抖、心悸、水腫、凸眼、掉髮、易怒。

碘離子很容易被人體吸收，我們常吃的海苔、海帶的碘含量都很豐富，此外有些食鹽會添加碘化鉀或碘酸鉀，可以避免碘的攝取量不足。

碘在週期表上原子序是 53，位於週期表的下半部，是個很重的元素。有著這麼多的質子與中子，碘的同位素也不少，共有 30

▲珊瑚草、紫菜、海帶等都是碘含量高的食物。

多種不同的同位素，其中只有碘-127（寫成 $^{127}I$）是穩定的，而碘-131 有放射性，這使得碘在醫學上有更多的用途，在深入了解之前，我們得先了解什麼是放射性。

在原子的構造中，帶著負電的電子繞著原子核轉來轉去，原子核中有帶著正電的質子和不帶電的中子，愈重的原子，原子核中有愈多的質子和中子，核外也相對應的繞著更多的電子。很多帶著正電的質子擠在一個小小的原子核裡，應該會很不穩定吧？畢竟同性相斥。會不會有些質子脫離原子核跑掉？這種不穩定的原子也就是所謂的放射性元素，會藉著放出輻射線來衰變，形成穩定的元素。

伴隨衰變而釋放出來的輻射線可能是能量、電子或是質子與中子，以碘-131 來說，它會釋放出 β 粒子與 γ 射線，變成穩定的氙。在醫學上，其中一種治療甲狀腺癌的方式，是讓身體吸收具有放射性的碘-131，讓碘-131 被儲存到甲狀腺的細胞中，釋放出足以殺傷癌細胞的輻射線能量，來破壞惡性腫瘤，達到治療的效果。

## 輻射外洩的救命丸：碘片

2011 年日本福島核電廠事故後，碘片頓時成為東北亞地區的熱門商品，人人搶購。這是由於核電廠用來發電的放射性元素鈾在進行核分裂時，會釋放出碘-131。這種含放射性的碘一旦被人體吸收，會在人體內隨著血液到處跑，最後累積在甲狀腺，隨著甲狀腺所受到的輻射劑量愈來愈高，細胞便會

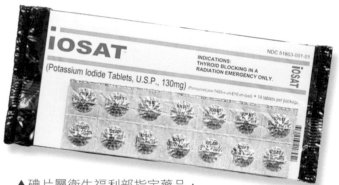

▲碘片屬衛生福利部指定藥品，當政府通知時才能服用。

受到破壞。

碘片的主成分是碘化鉀，如果我們已經確認輻射威脅包含放射性碘，可以趕快服用碘片讓身體有更多安定的碘，放射性碘會隨著新陳代謝跟著尿液排出體外，甲狀腺比較不會受到輻射破壞。既然要避免放射性碘累積在體內，那平常需要把碘片當保養品食用嗎？其實均衡的飲食就能保持人體內的碘含量充足，沒事吃碘片只會增加身體的負擔。況且不是每種輻射威脅都是碘-131 造成，碘片還是要在正確的時機服用才對！

碘這個從漂亮的紫色煙霧中發現的元素，以各種形式出現在我們生活周遭，下次看到化學實驗表演大象牙膏噴發時，或是用優碘清潔傷口時，別忘了碘也是我們身體中很重要的元素！ 科

作者簡介 --------------------------------------

高憲章 在淡江大學理學院科學教育中心擔任執行長，同時負責化學下鄉活動計畫，跟著行動化學車全臺跑透透，經由各種化學實驗與全臺各地的國中生分享化學的好玩與驚奇。因為個子很高，所以是名符其實的高博士。

# 生活一碘靈

國中理化教師　何莉芳

## 主題導覽

不同狀態下的碘具有不同性質，元素狀態的碘、化合物狀態的碘，甚至是放射性的碘。你在什麼情況下會與「碘」相遇呢？為什麼外傷消毒需要它、指紋採集也用到它？碘甚至會影響我們的身體！此外，日本 311 大地震福島核電廠發生輻射外洩，災民服用碘片，為什麼具有救命效果？種種生活應用，顯現「碘」的不可或缺。

〈生活一碘靈〉帶我們認識碘的發現與應用。閱讀完文章後，你可以利用「挑戰閱讀王」了解自己對文章的理解程度；「延伸知識」中補充鹵素家族的介紹。最後是延伸思考，運用科學實驗探究「碘」，也讓你更了解同位素。

## 關鍵字短文

〈生活一碘靈〉文章中提到許多重要的字詞，試著列出幾個你認為最重要的關鍵字，並以一小段文字，將這些關鍵字全部串連起來。例如：

**關鍵字**：1. 碘　2. 蛋白質變性　3. 昇華　4. 甲狀腺　5. 放射性

**短文**：碘在生活中有很多應用：外傷緊急處理消毒時使用碘酒，可使蛋白質變性、殺死病原體；採集指紋的煙燻法，是利用碘具有昇華的特性，以及與油脂反應可使指紋現形。人體內大部分的碘集中在甲狀腺，若核電廠不幸發生輻射外洩，放射性碘會破壞甲狀腺附近細胞，服用碘片，可促使放射性碘隨著尿液排出體外。

**關鍵字**：1.＿＿＿＿　2.＿＿＿＿　3.＿＿＿＿　4.＿＿＿＿　5.＿＿＿＿

**短文**：＿＿＿＿＿＿＿＿＿＿＿＿＿＿＿＿＿＿＿＿＿＿＿＿＿＿＿＿

＿＿＿＿＿＿＿＿＿＿＿＿＿＿＿＿＿＿＿＿＿＿＿＿＿＿＿＿＿＿

＿＿＿＿＿＿＿＿＿＿＿＿＿＿＿＿＿＿＿＿＿＿＿＿＿＿＿＿＿＿

＿＿＿＿＿＿＿＿＿＿＿＿＿＿＿＿＿＿＿＿＿＿＿＿＿＿＿＿＿＿

**挑戰閱讀王**

看完〈生活一碘靈〉後，請你一起來挑戰以下題組。

答對就能得到👍，奪得 10 個以上，閱讀王就是你！加油！

☆生活一碘靈，考驗你靈不靈。試著回答下列與碘性質有關的問題。

（　）1.碘在生活中有哪些應用？（多選題，答對可得到 1 個👍哦！）

　　　　①跌倒的時候可用於外傷消毒　②警察辦案時可用來採集指紋

　　　　③輻射外洩時要吃的救命藥丸　④合成甲狀腺激素的必需元素

（　）2.小傑根據文章內容整理了四項關於碘的基本性質，哪一項不符合常溫常壓

　　　　下的「碘」？（答對可得到 1 個👍哦！）

　　　　①最早是從海草灰溶液中提煉　②具有金屬光澤的紫黑色結晶

　　　　③元素命名來自希臘文的紫色　④碘經加熱之後變成液態碘液

（　）3.人們常使用優碘或碘酒做為外傷消毒藥水，這背後有不少科學！下列關於

　　　　碘酒特性與效果的敘述何者正確？（多選題，答對可得到 2 個👍哦！）

　　　　①碘多以酒精做為溶劑，而酒精也具有殺菌效果

　　　　②碘的濃度愈高消毒效果愈好，市售濃度多為 5% 以上

　　　　③碘酒適合用於外傷緊急處理，不限創傷種類面積大小

　　　　④碘只會破壞病菌蛋白質，並不會對傷口皮膚造成影響

　　　　⑤含碘的消毒藥品須注意用量，以免人體吸收大量的碘

（　）4.小傑在網路上找到物質狀態變化的圖形，以甲乙丙丁代表狀態改變的過程。

　　　　根據文章敘述，將常溫下的碘放置在

　　　　試管中緩緩加熱，碘會怎麼變化？這

　　　　個變化屬於哪種過程？（答對可得到

　　　　1 個👍哦！）

　　　　①熔化，甲　②昇華，乙

　　　　③汽化，丙　④昇華，丁

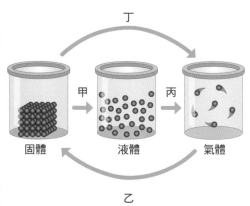

固體　　液體　　氣體

（　）5.喜歡偵探節目的小傑，看到劇情出現

　　　　重大轉折，警方找到可能有指紋的杯

圖片來源：Shutterstock

子！小傑打算用所學知識來分析警方採集指紋的過程，下列哪一項敘述最

符合用碘來採集指紋的科學方法？（答對可得到 1 個👍哦！）

①警方會將杯子浸泡在碘液中使指紋現形

②指紋上的油脂會排斥碘，因而顯現指紋

③碘與油脂裡的不飽和脂肪酸發生反應，因而顯色

④經過碘處理過的指紋，可以永遠保持在物品上

（　　）6.人體內大部分的碘集中在哪裡？（答對可得到 1 個👍哦！）

①血液　②皮膚　③癌細胞　④甲狀腺

☆日本福島大地震引起核能事故後，許多受災民眾服用碘片。碘片與輻射的關係是

什麼呢？試著回答下列問題。

（　　）7.小傑對於碘片與碘酒感到好奇，下列關於碘片與碘酒的比較與敘述何者正

確？（答對可得到 1 個👍哦！）

①碘片的主要成分是固態片狀紫黑色的碘晶體

②碘片與碘酒都是用來消毒的，碘片內服、碘酒外用

③碘片能促進甲狀腺激素分泌，補充身體必須元素

④要先確認輻射威脅包含了放射性碘，才可使用碘片

（　　）8.小傑發現自己最近容易發抖、心悸、水腫、掉髮、易怒，從這樣的症狀判斷，

他的身體可能出了什麼問題？（答對可得到 1 個👍哦！）

①甲狀腺激素的分泌可能過少，應增加碘的攝取

②甲狀腺激素的分泌可能過多，應減少碘的攝取

③甲狀腺激素的分泌可能過少，應減少碘的攝取

④甲狀腺激素的分泌可能過多，應增加碘的攝取

☆碘有 37 種已知同位素，其中只有碘 -127 是穩定存在，其他都具放射性。碘 -127

的原子核有 53 個質子、74 個中子；碘 -131 是人工核分裂產物，正常情況下不

會存在於自然界，碘 -131 的核內有 78 個中子，比碘的穩定同位素原子核的中子

數多四個。碘 -131 是種放射性同位素，衰變過程會放出高能量的 γ 射線。

（　）9.碘具有許多種同位素，輻射外洩的救命丸「碘片」屬於哪一種？

（答對可得到 1 個👍哦！）

①穩定的碘 -127　②穩定的碘 -131

③具放射性的碘 -127　④具放射性的碘 -131

（　）10.從原子構造與性質比較碘 -127 與碘 -131，下列哪一項敘述正確？

（答對可得到 1 個👍哦！）

①碘 -127 的數字代表原子序是 127

②碘的同位素只有碘 -127 與碘 -131

③碘 -127 與碘 -131 都是在自然界中穩定存在的物質

④碘 -131 是鈾在進行核分裂時釋放出的物質

（　）11.關於放射性碘的敘述，下列哪一項有誤？（答對可得到 1 個👍哦！）

①放射性的碘會衰變，過程中釋放 β 粒子、γ 射線等輻射線

②適量的放射性碘，能因釋放輻射線殺傷癌細胞、破壞惡性腫瘤

③放射性碘會積聚到甲狀腺，只影響癌細胞，不會影響正常細胞

④吸收更多安定碘，放射性碘就會隨著新陳代謝排出體外

## 延伸知識

1.**元素與化合物**：雖然碘晶體、碘化鉀與碘片等都是碘，但有點不一樣。指紋採集使用的碘晶體，指的是元素狀態的碘，為碘分子（$I_2$）。碘片裡的碘化鉀（化學式 KI）的碘則是化合物狀態，溶解在水中形成帶負電荷的碘離子（$I^-$）。

2.**鹵素元素**：鹵素包含氟（F）、氯（Cl）、溴（Br）、碘（I）和具放射性的砈（At）。碘可用來消毒，氟與氯也在生活有不少應用。

①氟為淡黃色氣體，氟及一些氟化合物具有毒性及強腐蝕性，牙膏或漱口水含低劑量氟，可降低蛀牙率；半導體產業則利用氫氟酸腐蝕玻璃。

②氯為黃綠色氣體、毒性大，常用做自來水、游泳池的消毒劑，漂白水裡的主成分為次氯酸鈉，也具有消毒、漂白效果。

**延伸思考**

1. 文章中提到「大象牙膏」的實驗，這個實驗除了碘化鉀與雙氧水之外，還需要清潔劑，讓產生的氣體變成綿密的泡泡。進行實驗時（建議在實驗室操作，並在師長陪同下進行），我們可以探究下列幾個方向，比較哪些因素會產生影響：改變雙氧水的濃度、改變洗碗精的量、改變碘化鉀的克數（或濃度），甚至選用不同的容器，也可添加少許食用色素加以染色，製造出漂亮的大象牙膏。

2. 碘酒是生活中最容易取得的用品，想一想曾經學過碘酒的哪些科學應用，或是上網查找和碘有關的科學實驗，例如碘酒與維生素 C 的變色反應、利用碘與澱粉變色檢驗生活中各種來源的澱粉等，讓我們用碘酒玩科學！

3. 挑選一個化學元素週期表上的元素（除了碘、氯、氟），上網查閱一下，你挑選的元素在生活中有哪些功能與應用？也可以參考本篇文章的結構，從元素的發現、性質到生活應用，寫一則短文！

4. 同位素不只有放射性同位素，也有不少穩定的同位素在生活中具有特定功能。查查看，哪些同位素在醫學、工程或是考古地質上也有重要的應用價值？

# 運動手錶 陪你動起來

## 陪你動起來

近年來很「夯」的運動手錶，
為何能成為運動的好幫手？
讓我們一探究竟！

撰文／趙士瑋

在這個重視科學的年代，運動也可以很科學！就算是最簡單的跑步，人們也不再滿足於只知道跑了多久，而是更進一步想要了解跑步的路程、時速、步數，甚至過程中心跳的快慢變化等詳細資料。問題是我們要如何收集這些數據呢？這時就輪到運動手錶出馬了！讓我們一起來探索運動手錶背後的學問。

## GPS：追蹤跑步路徑與速度

全球定位系統（GPS）的發明，讓運動中的人只要將手上的運動手錶連線到人造衛星，可以立刻得知自己所在的經緯度座標。不過，這個系統的設置一點也不簡單——整個 GPS 系統是由至少 24 顆離地表兩萬公里的人造衛星所構成！需要這麼多的衛星，是為了讓地表的每一點，在任何時刻都能至少與三顆衛星連線，如此一來才能用「三角定位法」找出待測點的座標。

僅僅與一顆衛星連線的話，只能根據訊號往返衛星與地表所需的時間，算出自己與衛星的距離，對測定座標幫助有限。不過，如果能找到自己與三顆衛星間的距離，情況就大不相同了！在空間中，與定點（衛星）距離相同的所有點會形成一個球面，因此當衛星一號測得與地表某點的距離後，可以畫出其「等距離球面」，地表上的待測點就在這個球面上。對衛星二號如法炮製，會發現它

### GPS運作原理

▲衛星一號測得至地表待測點距離後，可以自己為中心，該距離為半徑畫出球面，待測點必在此球面上。

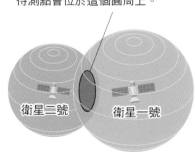

兩個球面相交成一個平面圓，待測點會位於這個圓周上。

▲衛星二號也可測量至待測點的距離，並畫出自己的球面，由於待測點既在一號球面，又在二號球面，所以一定位在兩者相交的圓周上。

GPS 定位出來的位置

▲衛星三號的球面會與先前兩球交會的圓周相交於兩個點，在地表上的那個點就是GPS 定位出來的位置。

繪圖：黃榆儒；圖片來源：達志影像

的等距離球面和衛星一號的相交形成一個圓周，正是縮小後的待測點所在範圍。

　　同時，衛星三號以測量距離畫出的等距離球面，會與剛剛的圓周再相交於兩個點，其中只有一個點會在地表上，它就是要找的待測點！藉由這樣複雜的過程，GPS 可以精準的測定地表上任何一個點的座標，在科技的進步下，誤差範圍不會超過十公尺（以衛星的高度來說，就像是在玉山山頂看到山腳下的一粒米）。

　　出門跑步時帶上運動手錶，能利用 GPS

系統隨時記錄位置資訊，也能結合周圍的地圖，繪製出行進的路線，甚至根據路線圖計算總距離，這樣一來，跟朋友們分享今天跑了多遠時就有憑有據啦！另外，在跑步的過程中，運動手錶也能測量各個時刻的速度快慢變化。原理其實相當簡單，運動手錶每隔一小段時間與 GPS 連線測定位置，將每次測量到的位置改變量除以經過的時間，能大致算出當時的速度。

　　除了運動手錶外，GPS 也大量應用在汽車的導航系統，為駕駛人規劃路線，還可以隨時偵測是否超速。另外，在地理學等領域的研究中，GPS 也扮演相當重要的角色。

## 加速儀：掌握你的步數

　　俗話說「一天一萬步，健康有保固」，但我們不可能真的邊走邊數，那該如何計算行走的步數呢？運動手錶也能解決這個難題。大多數的運動手錶都有一個稱為「加速儀」的元件，在計步時，加速儀能偵測走路或跑步時身體重心的上下來回運動。

　　如果仔細分析走路的過程，會發現抬起腳時，身體的重心向上，而腳步踩下時，身體重心向下。雖然幅度不大，但這樣已經足夠讓加速儀偵測出來了。當戴著運動手錶的人開始走路，加速儀感應到重心一上、一下的改變，就知道走了一步。看到這裡，

### 運動手錶測到的速度變化準確嗎？

在運動學中，某一個特定時刻的速度稱為「瞬時速度」，而位置的變化除以花費時間算出的則稱為此時段中的「平均速度」；兩者的意義不同，測量的方法也不一樣。事實上，如果像 GPS 系統一樣只能測量位置與時間，那麼永遠只能得到各個時段的平均速度，而無法確知任何一個時刻的瞬時速度。

話雖如此，現在的 GPS 系統利用「逼進」的觀念，把測量位置的時間間隔愈縮愈短，可以讓測量到的平均速度愈來愈接近瞬時速度，讓速度記錄得更加準確。

你或許已經發現，既然加速儀只是偵測上下的移動，那麼將運動手錶取下來搖一搖，是不是也可以達到讓步數增加的效果呢？確實如此，不過比起這種偷吃「步」的方法，還是實際出門走走，更有益身體健康嘍！

由於要安裝在體積相當小的運動手錶裡，大多數加速儀都採取「懸臂」結合微電子電路的設計，也就是將一個棒狀物一端固定、一端懸空（自由端），固定端與內部電路連接，扮演電阻的角色。這個棒狀物可是很有學問的！經過特殊的設計，它向上、向下彎曲時，電阻值會不同，從而影響連接電路中的電流。加速儀測量電流的變化，能知道棒狀物究竟是向哪邊彎曲，從而得知此時的移動為向上或向下。

科學上研究地震產生的晃動，或偵測生物體內器官的微小震動等，都會應用到加速儀。市售電動玩具的遙控器中也有加速儀，不過比起一般計步功能只需偵測上下移動，電玩遙控器多了兩個加速儀來感應左右、前後兩個維度，以利掌握傾斜、晃動等更精細的動作。

繪圖：黃榆儒

## 加速儀如何測步？

運動手錶中的加速儀多為懸臂式，懸臂的固定端連接內部電路，自由端上下兩側分別設置不同的「感應材料」。運動時，加速儀的懸臂會跟著上下擺盪，懸臂與上下兩側感應材料的距離會影響懸臂本身的電阻，藉由偵測電訊號，就能計算步數。

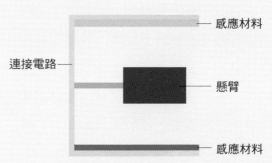

▲靜止時，懸臂保持水平不動。

懸臂自由端離上方的感應材料較遠，離下方較近。

▲加速儀本身往上時，懸臂向下彎曲。

懸臂自由端離上方的感應材料較近，離下方較遠

▲加速儀本身往下時，懸臂向上彎曲。

## 光學偵測器：心跳率一目了然

有效的運動，心跳率勢必不能太慢，否則消耗卡路里的速度不夠快。運動手錶能不能測量心跳呢？答案當然是肯定的，不過隨著科技的進步，測量方法有很大的改變。

早期運動手錶如果想要測量心跳，必須連接一條「束胸帶」，運動時圍在胸口。束胸帶隨著心跳間歇性的被撐開，張力產生的訊號回傳到運動手錶並留下紀錄。顯然這項科技有許多缺點：除了手錶之外，要再多買一條束胸帶，對消費者不是很友善，更何況使用時必須綁得相當緊，才能確實偵測到心跳的訊號，運動時想必很不舒服。

現在的運動手錶大多改用光學的方法，戴

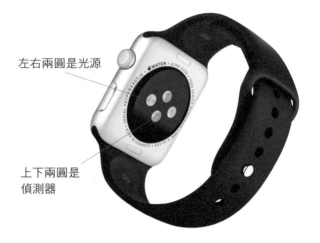

左右兩圓是光源

上下兩圓是偵測器

▲運動手錶與手腕接觸的面，會裝上光源與偵測器，利用血液對光的吸收量差異來計算心跳次數。

著手錶的手腕處就能測量心跳。血液之所以是紅色的，是因為反射紅色光而吸收其他色光，當心臟收縮將血液輸送到身體的各個部位（包含手腕的血管）時，血流量會增加，使得紅光以外的色光被吸收的情況比心臟舒張時更明顯。因此，在運動手錶的背面裝上小型的光源與偵測器，能藉由光吸收量的週期性變化測得心跳次數！如此一來，不再需要受到束胸帶的束縛，也能隨時確認自己的心跳率是否達標。

運動手錶多樣化的功能，讓運動這件事變得更「科學」。立刻戴上你的運動手錶，盡情揮灑汗水吧！ 科

▲早期的運動手錶需要搭配束胸帶才能偵測心跳。

作者簡介------------------------------

趙士瑋 目前任職專刊律師事務所，與科技相關的法律問題作伴。喜歡和身邊的人一起體驗科學與美食的驚奇，站上體重計時總覺得美食部分需要克制一下。

圖片來源：達志影像

# 運動手錶陪你動起來

國中理化教師　何莉芳

## 主題導覽

　　你有慢跑的習慣嗎？現在很多人跑步時不再滿足於只知道跑了多久，而是更進一步想了解跑的路程、時速、步數等資料。現在的運動手錶不僅可以使人們得知自己的經緯度座標、追蹤跑步的位置資訊，也能估算步數。甚至偵測跑步過程中，心跳的快慢變化！讓人不禁好奇，手錶裡究竟有什麼樣的科技，才能讓運動這件事變得如此「科學」？

　　〈運動手錶陪你動起來〉帶我們認識運動手錶裡的各項科技與應用。閱讀完文章後，你可以利用「挑戰閱讀王」了解自己對這篇文章的理解程度；「延伸知識」中補充關於全球定位系統 GPS 的知識，以及介紹跑步運動強度。最後透過延伸學習與思考，實際利用運動手錶實際做些測試。你也可以想像未來的手錶，除了提供運動資訊，還能有哪些功能？

---

### 關鍵字短文

　　〈運動手錶陪你動起來〉文章中提到許多重要的字詞，試著列出幾個你認為最重要的關鍵字，並以一小段文字，將這些關鍵字全部串連起來。例如：

**關鍵字：** 1. 全球定位系統 GPS　2. 路徑與速度　3. 加速儀　4. 重心　5. 光學偵測器

**短文：** 運動手錶基本上有三個功能，第一個是透過連線到全球定位系統 GPS，使運動中的人們得知自己所在的經緯度座標，追蹤跑步路徑與速度等位置資訊。第二個是透過「加速儀」的元件，偵測走路或跑步時身體的重心來估算步數。第三個是運動手錶背面的光學偵測器，藉由光吸收量的週期性變化測量心跳。


**關鍵字：** 1._____ 2._____ 3._____ 4._____ 5._____

**短文：** _____

_____

_____

**挑戰閱讀王**

看完〈運動手錶陪你動起來〉後，請你一起來挑戰以下題組。

答對就能得到👍，奪得 10 個以上，閱讀王就是你！加油！

☆運動手錶最基本的是提供運動過程的資訊，你對手錶裡有關 GPS 提供的位置資訊
　與原理，有多少認識與了解？試著回答下列問題。

（　）1. 全球定位系統 GPS 在運動前後能夠提供跑者哪些資訊？

　　　　　（多選題，答對可得到 1 個👍哦！）

　　　　　①結合周圍地圖繪製移動路線　②推估完成路程所需要的時間

　　　　　③了解運動速度變化以便配速　④測量各個時刻速度快慢變化

（　）2. 根據 GPS 運作原理，如果要了解接收者的位置座標，至少需要幾顆衛星連
　　　　線？理由為何？（答對可得到 1 個👍哦！）

　　　　　①只要一顆，藉由訊號往返衛星與地表所需時間，能算出與該衛星的距離

　　　　　②至少要兩顆，一顆衛星提供經度資訊，一顆提供緯度資訊

　　　　　③需要三顆衛星，運用三角定位法精準測定在空間中的位置

　　　　　④視地點是否隱蔽而定，有些地方只需一顆，有些地方需要三顆以上

（　）3. 根據文章，下列哪一個不是透過 GPS 測量而得的功能？

　　　　　（答對可得到 1 個👍哦！）

　　　　　①幫助定位，了解現在位置座標　②汽車衛星導航，為駕駛人規劃路線

　　　　　③地理學的量測探勘研究　④透過位置變化與時間換算出運動步數與心律

（　）4. GPS 可以獲得位置資訊與時間，從而轉換成速度，這裡的「速度」指的是
　　　　什麼？（答對可得到 1 個👍哦！）

　　　　　①各個時段的平均速度　②任何時刻的瞬時速度

　　　　　③運動過程的轉彎加速度　④不同海拔的重力加速度

（　）5. 如何使 GPS 對速度的記錄更加準確？（答對可得到 1 個👍哦！）

　　　　　①讓手錶能與更多顆衛星連線　②戴兩隻不同廠牌的手錶，交叉比對

　　　　　③縮短與 GPS 連線的回傳時間　④使用電腦高速運算修正誤差

☆計步是運動手錶的一大基本功能，利用加速儀元件來幫助偵測。試著回答下列關於計步器原理的問題。

（　　）6.加速儀主要是利用偵測什麼變化來計算步數？（答對可得到 1 個👍哦！）

①偵測運動時的重心變化　②偵測運動時的經緯度改變

③偵測運動過程的重力加速度　④計算路程與步距轉換成步數

（　　）7.小傑測量自己的步伐約 0.6 公尺，實際行走一段距離，計步器讀數顯示為 100，但手錶顯示的移動距離只有 30 公尺。請你選出下列最合理的解釋，為小傑解惑。（答對可得到 1 個👍哦！）

①小傑的步伐測量有誤，其實他一步只有 0.3 公尺

②小傑在過程中折返多次，實際距離應該是 60 公尺

③運動手錶品質不好，導致計步功能出錯，應該只有 50 步

④計步器偵測運動時的身體重心變化，未必能掌握運動過程正確步數

（　　）8.文章中介紹運動方向與懸臂變化的關係，參考下圖，左為原本的懸臂設計，右為運動後懸臂的變化，請你判斷此時加速儀朝哪一個方向運動？

（答對可得到 1 個👍哦！）

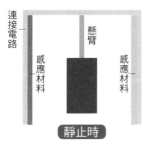 

①向左　②向右　③向上　④向下

（　　）9.根據上圖，下列關於加速儀原理的敘述，何者錯誤？

（答對可得到 1 個👍哦！）

①懸臂向左、向右彎曲時，電阻值會不同而影響電流

②加速儀測量電流的變化，可得知懸臂向哪邊彎曲

③如果是向前運動，加速儀的懸臂也會跟著往前移動

④懸臂與左右兩側感應材料的距離，會影響懸臂的電阻

（　　）10.加速儀在科學上還有哪些應用？（多選題，答對可得到 1 個👍哦！）

①分辨使用者的狀態為睡眠、走路或跑步　②可研究地震產生的晃動

③偵測生物體內器官的微小震動　④電玩遙控器，掌握精細動作變化

☆跑步不只關乎距離、時間、速度與步數，能夠搭配心跳控制，才能更有效率。

（　　）11.運動手錶偵測心跳率應用的原理是下列哪一項？（答對可得到 1 個👍哦！）

①手錶背面的電極偵測皮膚電流變化　②偵測紅光以外吸收光的吸收變化

③偵測血液中紅血球反射的紅光　④利用錶帶隨心跳撐開放鬆的張力變化

（　　）12.小傑發現運動手錶的背後會發光，這個光源與心跳率偵測有關。試著判斷

下列關於光源的敘述哪個正確？（答對可得到 1 個👍哦！）

①背後發光的是白光，具有夜間照明功能

②利用紅外線偵測，其實是看不到的，小傑看錯了

③血液需要吸收紅光，所以運動手錶的光源是紅色

④血液反射紅色光而吸收其他色光，所以選用藍光或綠光

（　　）13.運動手錶背面具有小型的光源與偵測器，主要是藉由光吸收量的週期性變

化測得心跳次數。當心臟收縮時將血液輸送到身體的各部位，血液量和光

的吸收量有何變化？（答對可得到 1 個👍哦！）

①血流量減少，紅光以外的色光被吸收更多，反射回感應器的光線減少

②血流量增加，紅光以外的色光被吸收更多，反射回感應器的光線減少

③血流量減少，紅光以外的色光被吸收更少，反射回感應器的光線增加

④血流量增加，紅光以外的色光被吸收更少，反射回感應器的光線增加

（　　）14.下面哪一項不是文章中提到的原理與功能？（答對可得到 1 個👍哦！）

①運動手錶利用加速儀，藉測量身體重心變化以估算步數

②運用 GPS 定位，能得知時間與位置資訊，並換算出速度

③利用光學偵測器，藉由光吸收量的週期性變化測量心跳

④利用紅光照亮皮膚表面，從反射光線變化偵測血氧含量

**延伸知識**

1. **全球定位系統 GPS：**整個系統有至少 24 顆衛星均勻分布於六個軌道面上，確保在世界上任何時間任何地點，皆可同時觀測到四到七顆衛星。GPS 衛星在太空中運轉時，會不斷向地面發射衛星訊號，使用者在接收衛星訊號後，利用傳來的資訊可計算所在的空間位置及時間。通常需要四個衛星，一顆衛星提供時間資訊，三顆衛星用來定位位置。能接收到的衛星訊號數愈多，位置資訊愈精確。GPS 常用於精確定時、導航定位、工程測量、勘探規劃等功能。

2. **跑步運動強度：**常見表示法有三種，分別為配速、心跳率以及運動自覺強度。配速是最基本也最重要的跑步強度表示法，通常用每公里多少時間跑完來換算，例如「六分速」指每一公里花六分鐘跑完（等同時速十公里）。心跳率能區分不同的跑步強度，需要依每個人最大心率不同而調整，以運動過程的心跳判斷跑步強度，避免訓練過高或不足。至於運動自覺強度，是傾聽身體的感覺，最能直接反映當天的身體狀況。例如輕鬆跑的速度應可以與朋友邊跑邊聊天，而在較高強度的速度下，需專注於呼吸，勉強可出說單字，但是無法聊天。

**延伸思考**

1. **實作題：**運動手錶常要搭配手機 APP 來整合運動資訊，手機也配備 GPS 與加速儀，只要下載合適的應用程式，也能監控運動。

    ① GPS 功能測試：戴著你的運動手錶（或開啟手機運動 APP），實際慢跑幾公里，了解運動 APP 能提供的資訊。

    ②加速儀功能測試：揮動多大的擺幅或是速度，計步器上的讀數才會有變化？

    ③偵測心跳：帶著它做些柔軟體操或有氧運動，比較運動前後心跳率有什麼變化？

2. 文章中介紹了運動手錶的功能：位置資訊、計步、心跳。運動中的人們還需要哪些功能？調查一下市面上運動手錶的規格，截至目前為止，運動手錶已經能夠提供哪些功能？應用原理是什麼？

3. 運動手錶未來除了記錄運動功能，也能涵蓋到健康照護領域。想像力以及需求是科技發展的動力，你認為像手錶這類可穿戴的設備，未來還能具備哪些功能呢？可以從外型和功能發揮創意，不限於運動，設計一個超酷的未來手錶吧！

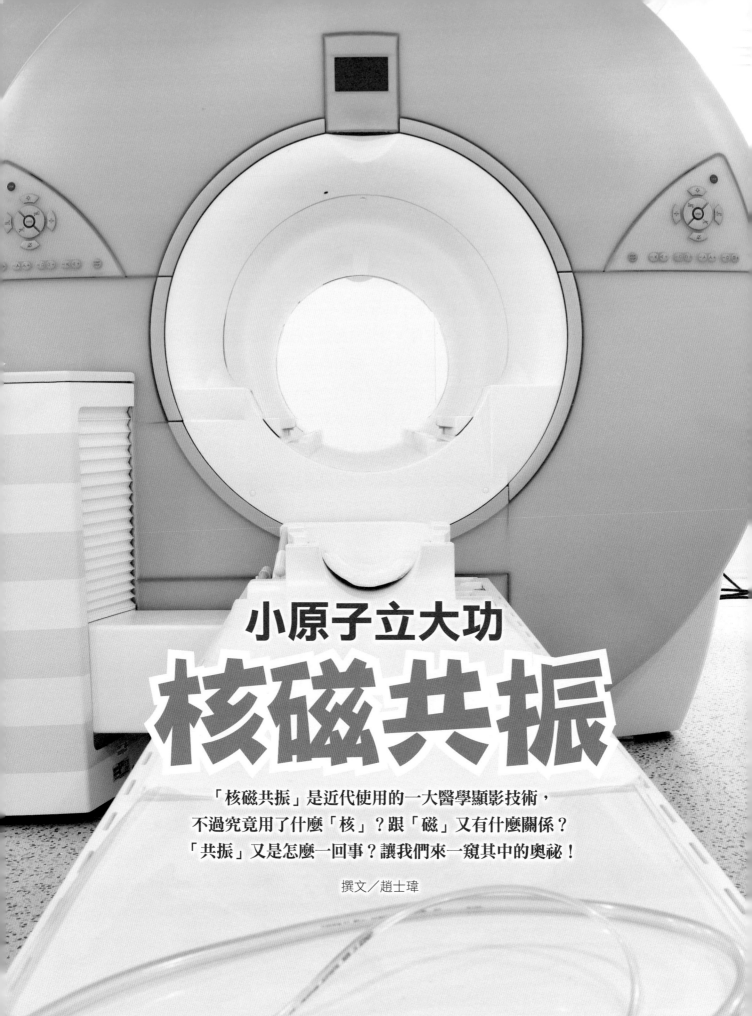

# 小原子立大功
# 核磁共振

「核磁共振」是近代使用的一大醫學顯影技術，
不過究竟用了什麼「核」？跟「磁」又有什麼關係？
「共振」又是怎麼一回事？讓我們來一窺其中的奧祕！

撰文／趙士瑋

在報章媒體上，討論到醫療時，有時會聽到「核磁共振」這個名詞，它是一種可以將人體結構顯影出來的醫學技術，這種技術現在很普遍，不過其中的學問可不簡單，它牽涉到原子奇妙的物理現象。

## 原子核會「自旋」？

20 世紀初，科學家對微觀世界的認識有了爆炸性成長。例如，原子其實不是最小的粒子，還可以區分為中心帶有正電荷的原子核，及分布在原子核四周、帶負電的電子；原子核本身又是由帶正電的質子與不帶電的中子所組成。

另一項重要的發現是，有些原子的原子核並非靜止不動，而有「自旋」現象！我們可以理解成這類原子核會繞著一個轉軸原地轉動，彷彿地球自轉一般。

從「電流磁效應」可以知道，當帶有正電的原子核自旋時，會產生磁場。如此一來，原子好像一個小磁鐵，但這樣的磁力相當微小，只要受到外在磁場的影響，會產生與一般磁棒迥異的變化。

## 核磁共振與訊號偵測

一般的磁棒受到磁力作用，會完全順著外界磁場方向排列。但是，以「天字第一號元素」氫原子為例，氫原子核自旋時，若將它放置在磁場中，竟然會產生兩種狀態——有

電流磁效應剛好可以用右手來記憶喔！四指代表電流方向，大拇指代表磁場方向。

這個手勢代表我被按讚了嗎？！

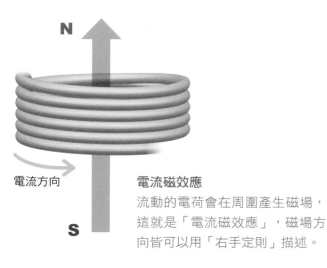

電流方向

**電流磁效應**
流動的電荷會在周圍產生磁場，這就是「電流磁效應」，磁場方向皆可以用「右手定則」描述。

氫原子

自轉方向

**氫原子自轉**
當帶正電的原子核自旋時，根據電流磁效應，產生的磁場方向如圖所示。這樣的磁場方向和 N 極在上、S 極在下之磁棒完全相同，因此可把自旋的原子核當做一個小磁鐵。

些確實會順著磁場，有些卻會「倒行逆施」，與磁場反向排列！就像力氣較大的人比較有能力逆風行走一般，逆向排列的狀態能量較高，我們暫時將它稱為狀態 A，而能量較低、順向排列的稱為狀態 B，兩個狀態間的能量差稱做 E。

由於狀態 B 比狀態 A 穩定，因此在一般情況下，處在狀態 B 的氫原子核會多一些。但是只要提供大小為 E 的能量，原子核就可以「躍遷」至狀態 A！不過要注意，提供的能量一定要恰好等於 E，多一點、少一點都不行。這樣對特定大小的能量有反應的現象，稱為「共振」。又因為這是原子「核」在「磁」

場中的特性，於是取名「核磁共振」。

值得一提的是，由於氫原子只有能量高、低兩種自旋狀態，比其他原子簡單，所以現今多數核磁共振的研究與科技都只針對它。因此別太意外我們接下來也著重在氫原子的討論上。

話說回來，我們該怎麼蒐集核磁共振的訊號呢？原來，只要把提供氫原子從狀態 B 躍遷至狀態 A 的能量來源移除，在狀態 A 的氫原子就會「掉落」回到狀態 B，在此過程中釋放出恰好也是 E 的能量。只要偵測到能量為 E 的訊號，就知道有氫原子曾經發生核磁共振。

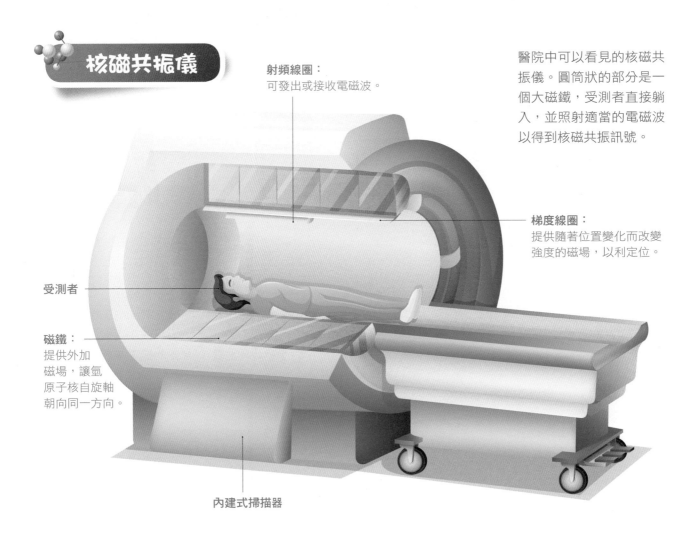

**核磁共振儀**

**射頻線圈：**
可發出或接收電磁波。

醫院中可以看見的核磁共振儀。圓筒狀的部分是一個大磁鐵，受測者直接躺入，並照射適當的電磁波以得到核磁共振訊號。

**梯度線圈：**
提供隨著位置變化而改變強度的磁場，以利定位。

**受測者**

**磁鐵：**
提供外加磁場，讓氫原子核自旋軸朝向同一方向。

**內建式掃描器**

## 醫學與化學的好幫手

在現代醫學中，核磁共振是一種重要的成像技術。做檢查的人躺進的圓筒狀儀器，事實上就是一個大磁鐵，產生外加磁場。醫護人員蒐集的，是氫原子的核磁共振訊號，訊號愈強，表示氫原子含量愈高。而氫原子的含量代表了水的含量，畢竟人體 70％以上是水（一氧化二氫，$H_2O$）。

由於人體的各個部位含水量不同，蒐集核磁共振的訊號、得知水的分布情形後，醫護人員便能建立受測者各器官的圖像，從而診斷出可能的疾病。和 X 光等其他的顯像方法相比，核磁共振的受測者不需暴露在那麼高的能量下，相對安全許多。不過由於照核磁共振時，受測者會暴露在強大的磁場中，因此千萬不能戴著鐵製的飾品，身上若裝有心律調節器等電子產品也要注意，以免受到磁性吸引而發生危險。

除了醫學領域之外，核磁共振在化學界也有卓越的貢獻。用來測定有機分子結構的「核磁共振譜」，甚至和紫外光譜、紅外光譜、質譜並稱為「四大名譜」！化學家面對一個未知的有機分子，常常會先檢測氫原子的核磁共振訊號，來確認化合物中氫原子的數量。

另一方面，有機化合物由於「鍵結環境」的不同，能讓氫原子核磁共振的能量也不一樣。例如乙醇（$C_2H_5OH$，俗稱酒精）中，

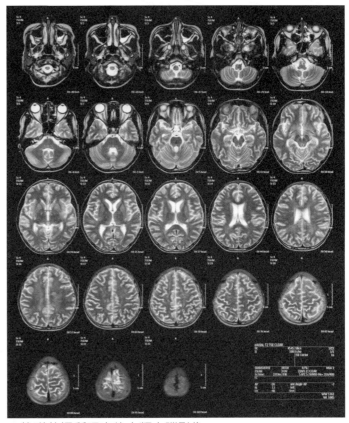

▲核磁共振所照出的人類大腦影像。

有些氫原子與氧原子鍵結，有些則與碳原子鍵結，兩者的核磁共振訊號會有些微差異。根據這樣的差異，化學家就能深入了解未知分子的結構！

讀到這裡，你是否更理解核磁共振的原理與應用了呢？生活中無處不隱藏著科學，種種奧祕等著你去發現！ ㊙

趙士瑋　目前任職專刊律師事務所，與科技相關的法律問題作伴。喜歡和身邊的人一起體驗科學與美食的驚奇，站上體重計時總覺得美食部分需要克制一下。

# 小原子立大功——核磁共振

國中理化教師　李冠潔

## 主題導覽

MRI 核磁共振造影技術是在 1950 年代由科學家布洛赫（Felix Bloch）和珀塞爾（Edward Purcell）發現的現象，在這幾十年間，諾貝爾各領域獎項陸續頒給許多與核磁共振研究相關的科學家，由此可見它對現代科學的重要性。

原子核帶正電且又有自旋的現象，根據電流磁效應，自旋的正電核會在周圍產生磁場，磁場方向可以用右手定則來判斷，磁場有同極相吸、異極相斥的關係，因此有順逆磁場的排列方式，又因磁場排列不同，所需能量也不同，我們便可以根據需要的能量來推測組織內部的情形。核磁共振是低能量的輻射（非游離輻射），對人體沒有傷害，是讓我們可以更加方便和安全使用的儀器。

## 關鍵字短文

〈小原子立大功——核磁共振〉文章中提到許多重要的字詞，試著列出幾個你認為最重要的關鍵字，並以一小段文字，將這些關鍵字全部串連起來。例如：

**關鍵字：**1. 原子核　2. 電流磁效應　3. 右手定則　4. 共振　5. 核磁共振譜

**短文：**地球上的物質皆由原子組成，原子則由帶正電的原子核和帶負電的電子組成。電子和原子核並非靜止不動，原子核會因為電流磁效應而產生磁場並自旋。根據右手定則我們能判斷 N 極和 S 極的方向，當原子核 N 極方向和外界磁場的 N 極方向一致，稱為順磁場方向；若相反則稱逆磁場方向。順磁場能量較低，吸收特定能量後會產生共振現象。根據吸收的能量強弱，可以建立核磁共振譜，分析分子結構。

**關鍵字：**1.＿＿＿＿　2.＿＿＿＿　3.＿＿＿＿　4.＿＿＿＿　5.＿＿＿＿

**短文：**＿＿＿＿＿＿＿＿＿＿＿＿＿＿＿＿＿＿＿＿＿＿＿＿＿＿＿＿＿

＿＿＿＿＿＿＿＿＿＿＿＿＿＿＿＿＿＿＿＿＿＿＿＿＿＿＿＿＿＿＿

＿＿＿＿＿＿＿＿＿＿＿＿＿＿＿＿＿＿＿＿＿＿＿＿＿＿＿＿＿＿＿

**挑戰閱讀王**

看完〈小原子立大功——核磁共振〉後，請你一起來挑戰以下題組。

答對就能得到👍，奪得 10 個以上，閱讀王就是你！加油！

☆右圖為健康的人體組織 MRI 腹部成像。核磁共振
（MRI）是立體成像的斷層影像，不論是硬組織還
是軟組織的影像都很清楚，因此癌症、器官病變或
是心血管疾病，都可以用 MRI 找出病兆。且 MRI
沒有游離輻射又是非侵入式檢查，比許多傳統檢查
安全且精細。MRI 主要偵測的是細胞組織間水分
子的差異，正常組織與病變組織的水分含量不會相
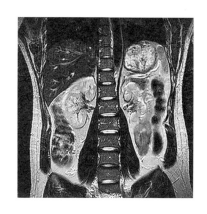
同，因此在電腦上能看出病變組織的位置。MRI 甚至可在不需要顯影劑的情況下
偵測血流（有些人會對顯影劑過敏而休克），這些特性使 MRI 逐漸取代傳統檢查。
這項優秀的影像醫學技術也成為現代醫學不可或缺的利器，醫師能更容易給予即
時及正確的診斷治療。

（　　）1.核磁共振在人體內偵測的主要是何種物質？（答對可得到 1 個👍哦！）
　　　　①水分子　②蛋白質　③維生素　④脂質

（　　）2.核磁共振的用途廣泛，又沒有游離放射線，可用來偵測下列哪個組織器官？
　　　　（答對可得到 1 個👍哦！）
　　　　①腦部　②血管　③肝臟　④以上皆可

（　　）3.根據文章可知，核磁共振主要偵測的是水分子中的氫原子，人體內的原子
　　　　那麼多，為何不偵測其他原子？你認為理由是什麼？
　　　　（答對可得到 1 個👍哦！）
　　　　①水分子是體內分子量最大的分子
　　　　②水分子在體內的比例比較少，不會互相干擾
　　　　③氫的原子核單純，核磁共振信號強，且每個組織內的水分比例不同
　　　　④此項科技只能偵測到氫原子

圖片來源：Wikimedia Commons

（　）4.下列哪個不是核磁共振的優點？（答對可得到 1 個👍哦！）

①不須侵入人體組織　②只能用來當作醫療器材

③不用施打顯影劑　④沒有高能輻射的傷害

☆原子核的自轉如同地球自轉，地球內部或是原子核內帶有電荷的物質旋轉，根據電流磁效應可知，若電流方向由上往下看是逆時針旋轉，上方會產生 N 極，下方會產生 S 極的磁場（圖一）；我們也可使用右手來判斷，此法稱為右手定則：代表環形線圈的四指是電流方向，大拇指是磁場方向（圖二），若此時還有外部磁場存在而互相影響，可能產生排斥或吸引的現象，馬達就是利用此原理來達到轉動的目的（圖三）。

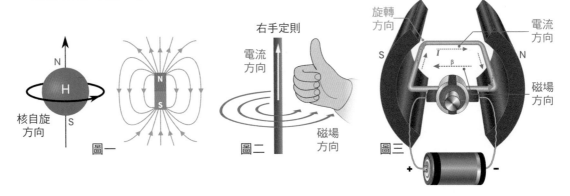

（　）5.電線通電後會在外部產生磁場，若置於外加磁場中，可產生吸力或斥力而使物體轉動，此為馬達的原理。下列何者電器內裝有馬達？

（答對可得到 1 個👍哦！）

①電烤箱　②電風扇　③冷氣　④電燈

（　）6.根據右手定則判斷，若將兩個完全相同的線圈放在桌面上，另有羅盤甲、乙、丙，乙羅盤在兩線圈的正中間，如右圖。當開關 $K_1$、$K_2$ 按下接通電流後，下列何者正確？

（答對可得到 2 個👍哦！）

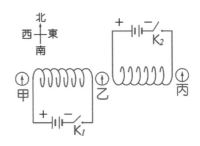

①甲羅盤磁針的 N 極向東偏轉　②乙羅盤磁針的 N 極向西偏轉

③丙羅盤磁針的 N 極向東偏轉　④乙羅盤所在位置的磁場最強

（　　）7.有兩個環形線圈排列如右圖，通電時的電流方向如
箭頭所示，通電後這兩個線圈會如何變化？

（答對可得到 1 個👍哦！）

①先吸引再排斥　②互相排斥而分離　③互相吸引而靠近　④沒有變化

☆週期表是按照質子由少到多排列，氫原子核內只有一個質子（$^1$H），且沒有中子，是週期表的第一個原子，也是最輕的元素，因此中文命名為氫。宇宙中含量最豐富的元素也是氫，大約佔據宇宙質量 75%，宇宙大爆炸時就產生了氫、氦、氚等輕元素，這些原子慢慢結合成更大的原子，才漸漸出現其他元素。氫元素在自然界的分布十分廣泛，大多存在於水、石油、碳水化合物、蛋白質等有機化合物中，僅少數以氫分子（$H_2$）存在空氣中。氫有同位素存在，分別是氕、氘和氚；氘有一個質子、一個中子，氚則有一個質子、兩個中子。

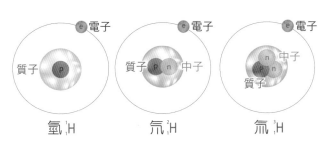

（　　）8.週期表目前有 118 種原子，未來還可能陸續增加，下列哪一種物質存在自然界中的年代最早？（答對可得到 1 個👍哦！）

①地球內部的鐵元素　②空氣中的氧分子

③呼吸作用排出的二氧化碳　④宇宙中的氫分子

（　　）9.下列關於氫原子的敘述，何者不正確？（答對可得到 1 個👍哦！）

①是所有元素中最輕的　②氫的原子核就是質子

③空氣中到處是氫氣　④人體內有許多氫原子

（　　）10.關於同位素的敘述，何者解釋不洽當？（答對可得到 1 個👍哦！）

①同位素的原子，排在週期表的同一個位置

②同位素原子的電子數都不相同

③同位素原子的物理性質並不一樣

④自然界許多原子都有同位素，例如氧、碳、氮等原子

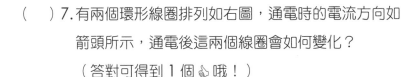

### 延伸知識

**顯影劑**：也稱為造影劑或對比劑，是一種 X 光無法穿透的
藥劑，因此可使體內器官在檢查時能看得更清楚（如圖）。
許多傳統醫療檢查需要使用顯影劑，例如電腦斷層掃描，
或是特殊部位的 X 光檢查。顯影劑可分為含硫酸鋇、含碘，
或是含釓等種類，可以口服或由血管注射，但都可能造成
不適感，輕者噁心、嘔吐，嚴重者可能休眠、呼吸或心跳
停止。

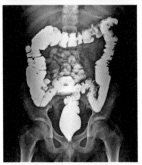

▲上圖為腦部血管攝影，
下圖為腹部腸道攝影。

### 延伸思考

1. MRI 有別於其他傳統檢查儀器，沒有輻射劑量的風險，
   也不需要吞下濃稠的顯影劑，更沒有侵入性危害，但是
   MRI 真的無所不能嗎？查查看 MRI 有什麼缺點，哪些人
   不適合做 MRI 檢查？
2. 自然界中有同位素的元素除了氫之外還有哪些？哪種元素有最多同位素？
3. 核磁共振是應用範圍極廣的技術，小至簡單的水分子，大至複雜的生物分子，都
   可利用核磁共振法來研究分子結構。核磁共振在物理、化學、材料及生命科學等
   領域都是重要的分析工具，試著進一步了解核磁共振的原理。

圖片來源：Shutterstock

# 解答

**千變萬化的塑膠**

1.④　2.③　3.①　4.②　5.①　6.②　7.③　8.④　9.③　10.②

**跨洋電纜的推手——克耳文**

1.③　2.④　3.①　4.④　5.①　6.②　7.③　8.④　9.③　10.②

**舉得起地球的巨人——阿基米德**

1.②　2.③　3.④　4.④　5.③　6.①　7.①③④⑤　8.④　9.①　10.①　11.③　12.③

**分子的體重計——質譜儀**

1.④　2.②　3.②　4.③　5.④　6.②　7.①　8.④　9.①　10.①　11.④　12.③　13.④

**生活一碘靈**

1.①②③④　2.④　3.①⑤　4.④　5.③　6.④　7.④　8.②　9.①　10.④　11.③

**運動手錶陪你動起來**

1.①②③④　2.③　3.④　4.①　5.③　6.①　7.④　8.①　9.③　10.①②③④

11.②　12.④　13.②　14.④

**小原子立大功——核磁共振**

1.①　2.④　3.③　4.②　5.②　6.①　7.③　8.④　9.③　10.②

**科學少年學習誌**

## 科學閱讀素養◆理化篇 5

編者／科學少年編輯部
封面設計／趙璦
美術編輯／趙璦、沈宜蓉、可樂果兒
資深編輯／盧心潔
出版六部總編輯／陳雅茜

封面圖源／Shutterstock

發行人／王榮文
出版發行／遠流出版事業股份有限公司
地址／臺北市中山北路一段 11 號 13 樓
電話／ 02-2571-0297　傳真／ 02-2571-0197
郵撥／ 0189456-1
遠流博識網／ www.ylib.com　電子信箱／ ylib@ylib.com
ISBN ／ 978-957-32-9246-3
2021 年 9 月 1 日初版
2022 年 6 月 16 日初版二刷
定價・新臺幣 200 元

國家圖書館出版品預行編目

科學少年學習誌:科學閱讀素養,理化篇5/科學
少年編輯部編. -- 初版. -- 臺北市 : 遠流出版事
業股份有限公司, 2021.09
　　面；21×28公分.
ISBN 978-957-32-9246-3(平裝)
1.科學 2.青少年讀物
308　　　　　　　　　　　　　110012757